U0685101

高职高专 Art Design 新思维设计系列教材

中国美术学院艺术设计系列教材·工业设计系列

总主编 葛鸿雁

设计表现——
计算机辅助工业设计表现

雪润枝 编著

CAD and performance

高等教育出版社

图书在版编目（CIP）数据

设计表现：计算机辅助工业设计表现/雪润枝编著.—北京：高等教育出版社，2009.3（2019.3重印）
ISBN 978-7-04-025686-4

I.设…　II.雪…　III.工业设计：计算机辅助设计IV.TB47-39

中国版本图书馆CIP数据核字（2008）第198670号

策划编辑	梁存收	责任编辑	蒋文博	封面设计	褚志明　于　涛
版式设计	褚志明　庄蕾蕾　宣弋凤　苗　珍　胡跃晓　吴家行				
设计指导	朱海辰	责任校对	刘　莉	责任印制	尤　静

出版发行	高等教育出版社	咨询电话	400-810-0598
社　　址	北京市西城区德外大街4号	网　　址	http://www.hep.edu.cn
邮政编码	100120		http://www.hep.com.cn
印　　刷	北京市大天乐投资管理有限公司	网上订购	http://www.landraco.com
开　　本	787mm×1 092mm　1/16		http://www.landraco.com.cn
印　　张	11.5	版　　次	2009年3月第1版
字　　数	210 000	印　　次	2019年3月第4次印刷
购书热线	010-58581118	定　　价	30.20元

高职高专　　Art Design 新思维设计系列教材
中国美术学院艺术设计系列教材编委会

主　　任：宋建明

副 主 任：吴继新　邱东皓　葛鸿雁

特邀专家（以姓氏笔画为序）：

　　　王雪青　叶　苹　许　平　杭　间　赵　阳

委　　员（以姓氏笔画为序）：

　　　王　凯　王其全　文　红　叶国丰　冯守国　吕美立　任光辉　刘　彦

　　　刘永福　刘境奇　苏会杰　李　克　李　俭　李茂虎　李桂付　杨盛钦

　　　张新武　陆天弈　陈凌广　周利群　胡成明　胡拥军　黄必义　黄春波

　　　黄穗民　彭　亮　彭桂秋　蒋文亮　傅颖哲　舒湘鄂　廖荣盛　漆杰峰

书籍设计系列教材编写组（以姓氏笔画为序）：

　　　刘轶婷　吴继新　沈国强　张　君　陈剑荣　徐　超　高凤麟　雪润枝

工业设计系列教材主编：

　　　葛鸿雁

序（一）

百丈大厦，起于平地。欲树人才，教育先行。此可谓办学之道使然。

这些年，我国的设计领域不断有新成果、新突破，而且，呈现出空前的兴旺。每每有媒体采访时，我总被问及我国设计领域的水平与国际设计水平的差距问题。可能很多记者期望我能顺着他们的语境回答：已经基本持平。然而我却回答得相当迟疑。因为，此时，我眼前总会浮现起另一个真实的场景：多少次我反复穿梭在那些发达国家的大街小巷、各类博览会、商场、设计院校、设计事务所、造物作坊、设计专供材料店乃至友人家庭，在那些地方，我以一个设计学批评者的眼光来审视所见所闻，我深感差距是实在的。尽管我们前进的步伐令国际同行吃惊，甚至，我们的单兵独将或者小团体的实力在国际平台上与国际设计名师们已难分伯仲，然而，我们团队的整体水平、我们国家在艺术设计方面整体的软实力，还有待于继续提高。在诸多的差距中，一个值得我们重视的方面，就是高等职业技术教育建设与发展存在问题。

像我国这样有着"学而优则仕"传统的国度，注重"形而上"之道的建设，是在情理之中的，反映在教育体制方面，就是所有教育单位都忙于"升格"，而忘却了教育本身的意义和价值。当然，我们理解隐藏在"升格"后面的好处和利益。然而，问题在于忽视"形而下"之"器"的建设，那个"道"将会失去存在的理由。"器"之不存，"道"将焉附？"形而上"和"形而下"本是虚实相生于一体的两个层次。欲"道"之空灵，必有"器"之实在。以传统思辨的逻辑来看，"道"之理和"器"之理乃相辅相成的一对阴阳关系，"道"含"器"形，"器"见"道"理。这种学理告诉人们：欲与强国平起平坐，必先具备强国的基础。

今天，我们深入地考察发达国家，不难发现凡以创意与设计取胜的国家，均有发育健全的工业基础，与这个工业基础相伴相生的是发达的高级专业技术层次的教育体系。这个体系培育出来的人才，构成了这些国家造物体系的基础。在抽象的艺术领域与实在的技术领域之间，他们建构了一座桥梁，高职教育无疑是这座桥梁两端的基石，没有这个基石，艺术与技术就难以化合，创造出理想品质的生活环境也会变成一个空想。

以我对国家艺术教育体系建构的理解，高职教育以培养能工巧匠为目标，换句话说，在艺术设计领域中应培养偏向技术实现的人才。应该更多地注重动手能力的培养，使他们在现实的环境遭遇新问题时，能主动探求解决问题的新方法，从而不断地获得高品质的新答案，这便是我们奋斗的目标，也是创新型国家赋予设计教育人员的使命。事实上，对高品质生活环境的营造，需要一大批奋斗在第一线的技术人员的智慧和技能，没有一大批这样的人才，创新型国家的理想是无法实现的。所谓巧夺天工，是一种境界，必须在实践中练就。这样的人才，在现代艺术设计的语境里，被诠释为一批既具有艺术设计意识，又具备鬼斧神工的手艺的人才。他们是一批既具体地传承传统工艺美术精神，又掌握现代技能的人才，更是创造当代意韵环境的新人。这就需要专门化的教育体系，要求我们的教师不但应有实践经历，更应有这样的心胸。

因此，现实地看，如何使我国艺术设计学科的高级职业教育达到国际水平，正是我们从现在起就应努力的目标，其中首先就要从高质量的教材建设抓起。通过教材建设，梳理脉络，总结经验，探索方法，建构优质课程，探索优化我国高职教育体系的道路。

今天，我们的一批教师从充满诱惑、纷乱浮躁的外部世界回来，静心思索我国的高等职业教育发展方向的命题，着手撰写适应新时期的教材，真是可喜的事情。这里呈现的便是他们的阶段性成果，尽管还存在着一些问题，但是，有理由相信，这些发展中的问题也将在教学实践中被一一攻克。

宋建明

中国美术学院

2008年12月10日

序（二）

我国高等职业教育的大发展开始于20世纪的90年代末，"十五"期间得到了飞速发展，到2005年，全国独立设置的高等职业技术院校已达1 000余所，招生规模已达到全国高校在校生总人数的50%以上，占据了中国高等教育的半壁江山，其中开设艺术设计类专业的高等职业技术院校就达600余所，这在世界教育发展史上也是空前的。

但是，迅速发展的艺术设计类高等职业教育在培养人才方面取得很大成效的同时，也面临许多发展中难以避免的问题。对艺术设计类职业技术教育的办学定位、办学规律和特点的认识不足，尚未形成有别于本科艺术设计教育的办学体系与特色；缺乏适用的教材和具有丰富社会实践经验的专业教师；缺乏衡量艺术设计职业岗位的能力与技术的标准；缺乏艺术设计职业技术教育的质量管理保障体制等。这些问题在多数学校都或多或少地存在，如果不加以重视和解决，最终会影响到"教育质量"。

我认为，艺术设计职业教育有别于其他单纯的技能型职业教育。因为"艺术设计"首先是一项创造性很强的智力活动或劳动，同时又要与社会的、科学的、经济的、材料的、技术的等方方面面的知识结构与技能相结合，并运用这些知识和技能实现"艺术设计"的创意目标。因此，就艺术设计专业人才的职业能力与艺术素养来讲，很难把本科生与高职高专生严格地区分开来。不能说本科教育培养的目标是"设计师"，而高职教育培养的目标是给设计师当下手的、实现设计师蓝图的"技师"。二者的区别应该在于：相对于本科教育，职业教育更具有行业、职业岗位的针对性，更注重培养解决设计与实施过程中的实际问题的能力和技能，在理论、知识结构上更倾向于应用性。职业教育人才的最大特点是能用一技之长服务于社会，毕业后能很快实现就业并开始职业生涯，说到底还是为了实现黄炎培先生提出的让"无业者有业，有业者乐业"的理想目标。

作为承担艺术设计职业技术教育的院校和直接从事人才培

养的教师，当务之急就是要关注、关心并全身心投入到提高艺术设计人才培养的质量上去，切实创造条件、克服困难，一步一个脚印地为艺术设计职业技术教育做点实事。中国美术学院艺术设计职业技术学院工业设计系的一班骨干教师就是有志于此的人，他们集20余年丰富的艺术设计教育与设计实践经验，编著了为高职高专量身定做的"工业设计"系列教材。虽然新编教材可能会有一些需要完善之处，但对于目前急需艺术设计职业技术教育的优秀教材的现状来讲，的确是一件值得肯定的事情。

"工业设计"系列教材包括《设计表现——产品手绘表现技法》、《设计表现——计算机辅助工业设计表现》、《人机工程学》、《产品改良性设计》、《产品体验与设计应用》、《造型形态与思考》共六本，基本涵盖本专业的核心课程。该系列教材从章节目录的设计、插图的选用到体例的安排等方面都努力体现教学的规律与特点，既强调知识的系统性，又强调设计方法和制作技术的重要性；既适用于课堂教学，也可在课外以及工作实践中作为参考书。

对本系列教材的编写和出版，还要感谢高等教育出版社的鼎力支持。

吴继新

2008年12月10日

前言

工业设计是一门由科学技术与美学艺术相互渗透、交叉、结合形成的，以现代化批量生产的工业产品造型设计为主要研究对象的新兴综合性学科。在工业设计过程中计算机作为其辅助手段日益彰显出重要性。计算机辅助工业设计表现是设计师传达设计创意必备的技能，也是设计全过程中的一个重要环节。计算机辅助设计表现是指设计师借助计算机，把符合生产加工技术条件和消费者需要的产品设计构想实现可视化形态的技术手段。

计算机辅助设计表现的具体内容有电子手绘构思草图、二维效果图、三维效果图、方案综合展示等。工业设计表现是一个从无形到有形、从想象到具体的创造性思维过程。计算机辅助工业设计表现不仅早已成为设计师传达设计创作必备的技能，而且能活跃设计创作思维，使设计构思顺利展开。

在设计的最开始阶段，我们一般会针对客户的要求，进行概念性的构思，然后会在大量的构思草图中选择一个或几个可以发展的方向，借助Potoshop、CorelDRAW、Illustrator软件进行二维设计表现，逐步深入构思。这时较成熟的产品雏形便产生出来了。经过这段工作后的设计方案，产品设计的主要信息——产品的外观形态特征、内部的构造、使用的加工工艺和材料等，都可以大致确定下来。二维设计表现方法，因其快速有效，因而成为现在设计公司里较通用的方法；三维设计表现得更真实，它能模拟较真实的产品效果。二维设计表现方法和三维设计表现方法是设计方案的深入和完善的环节，通过这个环节，不仅产品设计的总体构思得到体现，而且产品的每个细节都将得到明确表现。此时的效果图所包含的形状、色彩、材料质感、表面处理以及工艺和结构的关系，都应尽可能全面地表现出来。作为学习工业设计专业的学生，就表现形式来讲，首先应练好手绘，一幅好的手绘能够清楚地传达设计者的完整创意；其次是2D软件，如CorelDRAW、Illustrator等；再次是3D软件，如Rhino等。同类的软件只需掌握一种即可，软件方面不求多但求精。如果表现形式掌握不好，再好的创意也无法表达。最后，需要把设计构思和方案的深入效果图部分在展板和文本上呈现出来。这个环节也不能忽视，这是对以上工作系统的归类和总结。在这里需要以图示的方式清晰地表现设计构思和产品效果。产品的细节、结构、颜色、材质等也需要比较清晰地呈现和指示。这样就为设计审核、模具制作、生产加工等部门提供了产品最后完成的技术依据。

本书分为设计方案构思表达的训练、设计方案二维设计表现的训练、设计方案三维设计表现的训练三部分。着重以设计实例的方式来讲解计算机辅助工业设计表现的基本知识、具体技法及其相关使用。从表达效果上来讲，每一种形式都有自己的优劣，我们应该了解它们各自的特点、扬长避短，并且学会综合地运用它们。

编　者

2008年11月

目录

1 | 第一部分
设计方案构思表达的训练

第一章　高度灵活的电子手绘

1.1　电子手绘的基础知识

  信息技术革命及其成就使人们的工作、学习及生活方式和观念发生了巨大的变化，计算机辅助设计在设计学科中也得到普遍应用。但在设计过程中，手绘草图依然是工业设计师表达和交流设计思路的常用手段。手绘草图既是设计师最应具备的基本能力，也是设计灵感的起源。手绘草图是一种图示思维的设计方式，在设计的前期特别是方案设计的开始阶段尤为重要。计算机技术为信息时代的设计提供了一种创意的新途径和新理念，电子手绘就是在这样的技术支持下发展起来的，它是利用数位板模拟真实的手绘工具，在电脑屏幕上画手绘效果图。

  在今天，手绘被称为"构思草图"，这是因为我们画的不仅是效果图，还是设计思维的图形化，是分析问题和解决问题的方法，是思考、判断和综合。电子手绘也和徒手设计草图一样，是形象化的思考方式，是对视觉思维能力、创造能力与绘画表达能力三者的综合表现。

  在这个单元中，不需要了解太多技法，只要具备手绘功底，就可以通过数位板将所需要的想法和意图表现出来，省去了现实中大量的绘图工具。在Painter软件中还可以分层，比如先在底纸上绘制草稿，然后再新建层，并对其进行分图层着色。假如有些图层的色彩或者笔触需要修改或者去除，可以关闭或删除里面一些图层，之后进行重新绘制，这样会比较容易控制。因此，计算机辅助设计的构思表现是非常灵活的，只要外接一个手绘板，借助Painter软件，就能随心所欲地在电脑上进行草图构思。这样可以省去现实设计工作中的一些麻烦。此外还可以结合Photoshop软件，使手绘效果更好。

1.2 数位板

1.2.1 数位板简介

目前数位板应用最广泛的品牌就是Wacom。Wacom数位板也被称为绘图板、绘画板以及手写板、手绘板，简单来说：Wacom就是用数位笔手写、手绘图画、图像的数位板。Wacom数位板包括数位板和数位笔（无线压感笔）两部分。

1983年，Wacom数位板和数位压感笔（数位笔）被率先投入市场，初期主要用于电脑辅助设计，取得了很大的成功。Wacom的用户遍及全球，其中好莱坞和迪斯尼公司是Wacom全球最大、最著名的用户。大家熟知的《泰坦尼克号》和《魅影危机》中恢弘的场面和叹为观止的电影特技，都与Wacom数位板（绘画板、绘图板、手写板、手绘板）技术有关。

1.2.2 数位板类型介绍[①]

由于应用度的广泛，Wacom数位板的精度标准、配套相关产品已经成为业界标准。本书主要应用的也是Wacom系列。

Wacom数位板主要有以下三个系列：Bamboo系列、影拓系列、新帝系列。针对不同领域，不同系列的数位板发挥着各自不同的作用。

1.2.2.1 Bamboo系列

Bamboo系列属于低端产品，主要侧重于绘画普及教学、简单课程演示、数位输入等。

---

① 杨为一，等.数位绘画大师——数位板标准教程.北京：清华大学出版社，2008.

图1.2.2.1.1　Bamboo产品
基本参数
活动区域：147.6×92.25(毫米)
笔尖压感级数：512级
分辨率：100线／毫米(2540线／英寸)
数位板键：4个

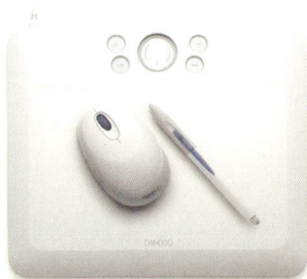

图1.2.2.1.2　Bamboo fun产品
基本参数
活动区域：216.5×135.3（毫米）
笔尖压感级数：512级
分辨率：100线／毫米(2540线／英寸)
数位板键：4个

1.2.2.2　影拓系列

影拓系列属于专业类型数位板，主要侧重于专业制作使用。包括动漫绘画(插画、卡通绘画、漫画、休闲绘画等)、专业设定(游戏、影视制作中的角色、场景、道具的设计)、教学(参与传统绘画课程的教学演示及教学使用)、项目开发中的应用(故事脚本的绘制、2D项目的加工与研发、3D项目开发中模型贴图的制作、后期制作中抠像的应用)等。

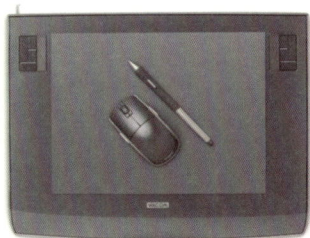

图1.2.2.2.1　拓影3代9×12数位板产品
基本参数
活动区域：304.8×230.6（毫米)
笔尖压感级数：1024级
分辨率：5080线／英寸
可编程快捷键：8个
触摸带：2条

图1.2.2.2.2　拓影3代6×11宽屏数位板产品
基本参数
活动区域：271×159（毫米）
笔尖压感级数：1024级
分辨率：5080（线／英寸）
可编程快捷键：8个
触摸带：2条

1.2.2.3 新帝系列

新帝系列属于多功能型数位板，主要用于会议演示、教学演示、高端研发制作。

图1.2.2.3 拓影3代6×11宽屏数位板产品
基本参数：
尺寸（长×宽×高）：535×418×48（毫米）
笔尖压感级数：1024级
分辨率：5080线／英寸
可编程快捷键：8个
触摸带：2条

在产品手绘表现发展的现阶段，数字化绘图工具起到了无可替代的作用。借助数位板的应用，从Painter到Photoshop，数字绘图对产品设计表现能力都能得以充分发挥。

1.2.3 数位板的基本操作

本单元我们选择的一款数位板：影拓系列的Intuos3，它特有的1024级的压力感应、每英寸5080 dpi的坐标分辨率、充满人性化的触摸带，使其成为Painter设计师的最佳选择。

1.2.3.1 设置数位板

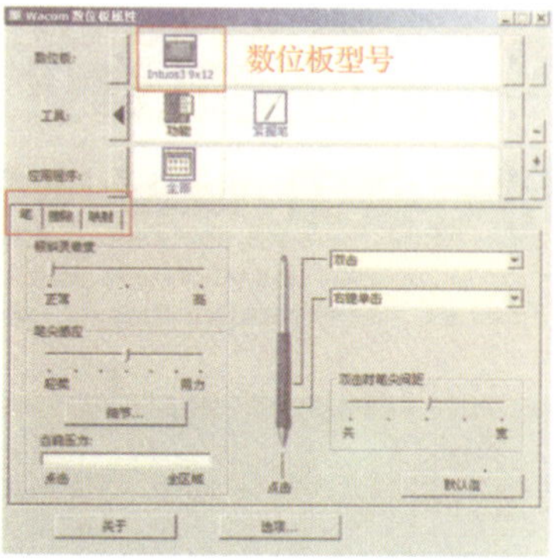

为了更好地发挥Intuos3的强大功能，在绘画之前需要对数位板进行设置。首先，安装数位板驱动，然后进入【控制面板】，打开【Wacom数位板属性】窗口。

图1.2.3.1.1 Wacom数位板属性

在这里可以对笔尖、橡皮擦的感应力度进行设置，还可以详细调节数位板的压力反应模式。

在【应用程序】里，根据软件对压感的反应，可以单独对某一个软件进行特别设置。

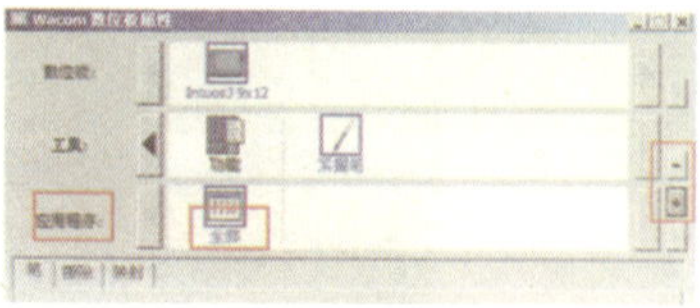

图1.2.3.1.2 调节相应的设置

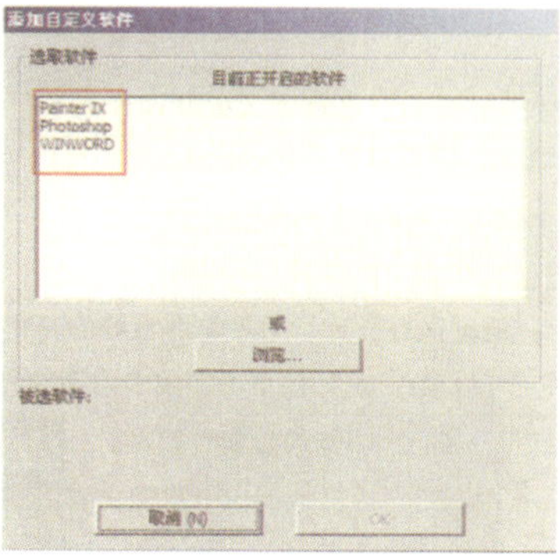

在【映射】选项卡中对屏幕和数位板区域进行设置，默认情况下为全区域。

即使没有安装数位板驱动程序，只要通过USB接口将数位板连接到电脑也可以移动指针自由绘画，因此有些人会认为装不装驱动都一样，这是错的。因为不装驱动程序，数位板的压力感应功能就无法发挥出来，所以大家连接数位板之后一定要

图1.2.3.1.3 对屏幕和数位板区域进行设置

记得安装驱动程序。

1.2.3.2　数位板的快捷键

运用快捷键将大大提高设计效率，Painter 9.5的快捷键与
Photoshop的快捷键基本相同，这里介绍几种最常用的快捷键。

● Ctrl+N(新建)：快速建立画布。

● Ctrl+S(保存)：随时保存作品，这是个非常好的习惯。

● Ctrl+A/D(全选／取消)：选择整个画布或者取消选择区域。

● Ctrl+C/V(复制／粘贴)：图像的复制与粘贴。

● Ctrl+Z/Y(后退／前进)：后退到前一个步骤或者由前一个步骤
  恢复到原来状态的快捷键，也是经常使用的一个快捷键。

● Ctrl+Alt(调整画笔尺寸)：按下同时在数位板中拖曳笔杆，即
  可自如调整画笔大小。

● B/V(自由绘制／直线绘制)：在绘画中，两者经常切换使用。

● 空格(移动画布)：可自由移动画布。

● 空格+Alt／+Shift(旋转画布)：可以将画布自由或者90°旋转。

1.2.4　数位板在Painter中的应用

Painter是专门为艺术家设计的高级绘画软件，也是目前在
我国各类图形图像软件中与数位板结合使用最为普遍的软件
之一。在学习与创作过程中，人们一般都会习惯性地选择自己
所熟悉的绘画表现工具，为了适应长期以来形成的实体表达习
惯，Painter提供了大量的绘画工具，其中包括铅笔、钢笔、水
粉工具、油画工具和水彩工具等。其中大量的画笔笔刷效果，
真实模仿了各类艺术画笔效果。使艺术家可以即兴选取各类艺
术表现工具，为其艺术创作所服务。

使用数位板不仅可以非常容易地调整画笔粗细，而且也能
调整画笔自身的压力参数。根据个人力度需求，在最终画面上充
分体现轻、重、缓、急的笔触节奏，以达到实际绘画中的效果。

数位板除了拥有不同画笔外，每种画笔自身还具备多种笔
触，可以根据实际需要选择适合的画笔效果进行创作。

第二章　Painter的手绘应用

2.1　Painter的基础知识

在某种程度上，Corel Painter可谓是世界上最富有创意的设计绘画工具之一。它专门为数码艺术家、插画画家、设计师及摄影师而开发，帮助他们完成设计草图，使用数码技巧，仿真传统绘画，如水彩、墨、油彩、颜色笔、马克笔、粉笔及彩色粉笔等绘画效果。Painter除了作为世界上首屈一指的绘画软件外，它在影像编辑、特技制作和二维动画方面也有突出的表现。对于专业设计师而言，Painter是一个非常理想的图像编辑和绘图工具。它的工具栏中包含有各种设计绘图工具，用这些工具创作出来的图像所具有的真实感，是那些普通图像编辑软件不可比拟的。

在初识计算机辅助设计之时，我们有必要了解一下有关计算机辅助设计的基础知识，这将有助于我们快速入门。

2.1.1　文件大小和分辨率

学习计算机辅助设计表现，首先要了解有关文件大小的背景知识。Painter主要是一个基于像素的程序(即人们常说的位图程序、绘画程序或是光栅图程序)，而不是绘图程序(即人们常说的面向对象的程序或是矢量程序)。

2.1.2　像素和分辨率

描述文件大小一般有两种方式：一种是像素度量的方式；另一种则是度量单位(例如英寸)加分辨率(每个度量单位的像素

数目)标定的方式。例如，可以用高、宽固有的像素数目来标示图片文件的大小——1200×1500，也可以使用分辨率加度量单位的方法来标示该图片——分辨率为300像素／英寸且大小为4英寸×5英寸(即$4 \times 300=1200$，$5 \times 300=1500$)，如果在New(新建)对话框中使用像素作为宽、高的度量单位，那么可以发现，在Resolution(分辨率)文本框内键入任何数值均不会改变文件的大小。但是改变New对话框中或Resize对话框(执行Canvas>Resize菜单命令即可显示)中的Width（宽）和Height(高)文本框中的像素值，均会改变图片的像素信息。

2.1.3 图形和图像

矢量程序是图形，是使用数学表达式描绘绘图过程中的线条以及对象的填充属性，比如CorelDRAW、Illustrator；而位图程序是图像，是采用点阵方式描述对象，比如Photoshop、Painter。由于数学表达式比点阵方式更加"紧凑"，所以面向对象的矢量文件容量一般比基于像素的文件小。同样，因为矢量图元素是由数学方式描述的，所以矢量图可以被随意缩放、变形而丝毫不影响其画质。但是Painter、Photoshop和其他位图程序却不这样。在位图软件中放大图像，意味着要在扩大已有像素点时产生的空隙内添加像素点。而这种(人为的)添加像素的结果就是：改变大小后的图像将会失去平滑度与紧凑感，变得模糊，并产生柔化效果。

2.1.4 图形图像文件的格式

图形图像在存储为数字文件时都具有一定的格式。下图给出常用的几种文件格式。

图形文件格式

文件类型	说　　明
DWG	AutoCAD Drawing 格式
DXF	AutoCAD格式,是大部分图形软件能接受的常用格式

文件类型	说　　明
AI	Adobe Illustrator格式,也是大部分图形软件能接受的常用格式
EPS	由Adobe公司确立，用于储存矢量图的格式，由Postscript来描述图形，能为大多数矢量软件兼容使用
CDR	CorelDRAW格式
MAX	3ds max格式
3ds	3D studio shape格式
3dm	Rhino 3D Models格式
IGES	三维建模软件较为通用的格式
PDF	Adobe Portable Document Format 格式
TIF	即TIFF格式，是常用的扫描图和点阵图像的标准格式
BMP	Windows及OS／2的点阵图形格式
GIF	Compuserve GIF格式
JPG	可调整压缩比例的图像压缩格式。压缩率较高时，会损失一些像素，网页中的图片一般采用此格式
PIC	Soft Image的格式
PSD	Adobe Photoshop格式
TGA	TargeTGA格式，在3ds max的贴图中常采用的格式

2.1.5　Painter提供了多种保存文件的方式

Painter提供了多种保存文件的方式：执行File>Save(保存)或File>Save as（另存为）。

RIFF：RIFF(Raster Image File Format)是Painter自带的格式，具有高压缩比(保存后的文件十分小)和功能强大(支持多个图层)的优点。RIFF格式可以保存Painter的一些特有元素，例如watercolor Layer(水彩图层)、Liquid Ink Layer(液态墨水图层)、参考图层、动态图层和矢量图形以及马赛克效果等。在硬盘空间足够大的前提下，若在采用RIFF格式保存文件时勾选save对话框中的uncompressed(不压缩)复选框，那么所得的文件大小将为不勾选该项时的数倍，但是文件的保存速度和打开速度将更快。此外，因为能识别RIFF格式的软件很少，所以若想在其他软件中使用Painter图片，则应该将文件保存为其他格式。

PSD：是Photoshop格式。如果用户经常需要在Painter和Photoshop之间移动数据，那么利用PSD格式(Photoshop文件格式)保存文件是一个很好的选择，因为它几乎可以达到与RIFF格式相同的效果。当使用Photoshop打开一个以PSD格式保存的文件时，Painter的图层就会自动转换成Photoshop的图层,Painter的蒙版将会转换为Photoshop的通道；同时，Painter的贝塞尔路径也可以完美地转换为Photoshop的路径和次路径，并出现在Photoshop的Paths(路径)面板中。

TIFF：TIFF是目前最流行且识别范围最广的位图图片格式。TIFF支持用户在图像中保存蒙版(勾选Save Alpha复选框)。但遗憾的是，在Painter中保存TIFF文件时，不能像Photoshop那样对其进行压缩。

PICT：PICT格式常用于Mac，用户可以利用Painter的PICT格式保存单个蒙版(但不是图层)，也可以将一系列带编号的PICT文件保存成为一个Painter影片，然后将其导出并应用其他软件制作成动画。

JPEG：当文件以JPEG格式保存时，屏幕上会弹出一个包含Excellent(最佳)、High(优)、Good(良)和Fair(一般)四个选项的对话框。选择Excellent可以得到最佳的外观效果。采用JPEG格式保存文件的优点是：占用存储空间少，选择Excellent方式保存的JPEG文件大小通常只有TIFF文件的十分之一，选择Fair保存时则通常只有TIFF文件的百分之一。其缺点则是：不能保存蒙版、图层及路径——这意味着诸如图像颜色信息之类的一些数据会在压缩过程中丢失。因此，尽管JPEG格式非常适用于保存最终效果图，但很多专业人士都不愿意。

2.2 PainterX的基础知识

2.2.1 PainterX的工作界面[①]

图2.2.1是打开PainterX后出现的工作界面。

图2.2.1　Painter X 工作界面

2.2.2 主工具栏

Painter经过重新设计的工具箱使用起来非常灵活，工具箱中的所有工具均采用形象图示标注，可以使用它们来绘制、编辑图形，浏览、导航文件，以及绘制选区。除了颜色框之外，工具箱底部还配置了"内容选择器"。

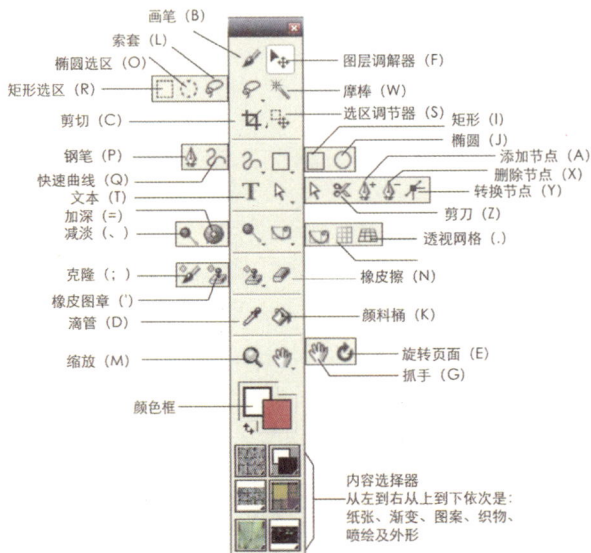

图2.2.2.1　工具栏内各项工具

---

① ［美］彭达维斯. *Painter X Wow!book*. 吴小华，译. 北京：中国青年出版社，2007.

我们以Paper Selector(纸张选择器)为例，演示如何从工具箱中选取绘材。首先单击Papers样本打开纸张选择器即可查看当前库中的纸张，然后单击弹出的选择器右上角的三角形按钮，并在弹出菜单中选择LaunchPalette(打开面板)命令即可打开Papers面板。

图2.2.2.2　内容选择器

图2.2.2.3　纸张选择器

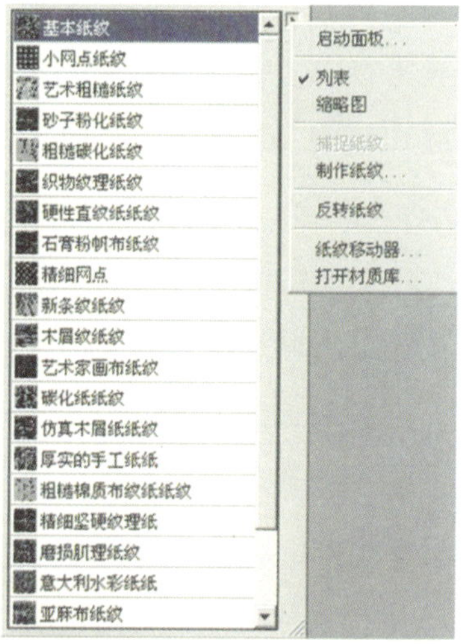

2.2.3　画笔基础知识

2.2.3.1　Brush选项栏的使用方法

Brush选项栏位于Painter工作区顶部属性栏的右端，该选项栏列出了画笔类别及其变量工具。画笔的类别在Brush选项栏中以画笔图标的形式显示。它们就好比柜子和抽屉，可以分别放置单个画笔、钢笔、铅笔、色粉笔以及其他绘画、上色工具。每种画笔类别都有它自己的变量工具或子类，因此每选择一种不同的画笔类别时，变量工具的列表也会随之改变。例如在Brush选项栏中，单击类别图标右侧的小箭头展开下拉列表并选择Pens。单击展开变量工具的下拉列表并选择Smooth Ink Pen，即可选中Pens画笔的Smooth Ink Pen变量工具。

图2.2.2.4　纸张选择器细部

2.2.3.2　绘画基础

初学者可以按照以下步骤绘画。执行File(文件)>New(新建)命令新建文件。在Brushes选项栏未打开时，执行window（窗口）>Show Brushes Selector Bar(显示画笔)命令，或者在工具箱中双击画笔工具打开它(要选择更多的画笔，可以单击指向画笔类别图标类别右端的小箭头，在弹出菜单中进行选择)，在画笔类别下拉列表中选择Pastels——一种纹理细腻的画笔，然后选择Square Hard Pastel。接下来，通过执行Window>Color PalettesShow Colours(显示颜色)命令选择一种颜色，单击Colours拾取器的色调环或是色调指示条，并在三角形区域中选择一种用于绘画的颜色(在此我们选择蓝色)。

在Brush选项栏中单击Brush类别图标打开拾取器，随后单击Brush类别菜单最右端的小三角按钮打开一个弹出菜单，即可选择是以List(列表)形式(左上)还是以Thumbnails(缩略图)形式显示画笔类别。单击列表内的名称即可选择新的Brush类别。

在Brush选项栏中单击Brush变量图标即可展开一个列表随意选择变量工具，在此选择的是Chalk类别的Square Chalk变量工具，可以选择以List(列表)形式或是以Stroke(笔触)形式显示Brush变量工具。

图2.2.3.2.1　Brush 选项栏中画笔类别缩略图

图2.2.3.2.2　Brush选择栏中画笔类别列表

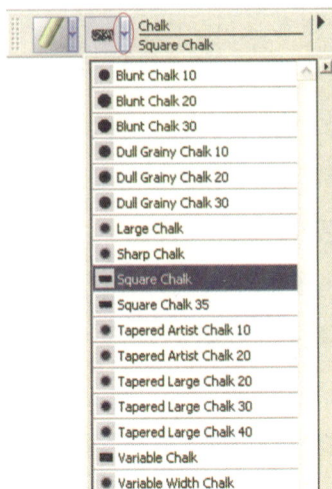

图2.2.3.2.3　选择变量工具

2.2.4 工业设计手绘常用画笔介绍

铅笔、马克笔、色粉笔、彩铅、橡皮是我们工业设计手绘经常用到的工具，Painter里工具比较多，我们在这里挑常用的进行介绍。我们选中相关的工具后，需要结合变量选择自己所需要的工具。变量调节如下图所对应的数值框来进行调节测试，比如可以调节笔的粗细、透明度、浓度、流量等。

图2.2.4.1　画笔变量调节条

图2.2.4.2　铅笔效果

图2.2.4.3　同类工具变量菜单

图2.2.4.4　马克笔效果

图2.2.4.5 喷笔效果

图2.2.4.6 彩铅效果

自己练习一下，手持压感笔随意勾画几个圆圈来感受一下画笔，体会实际作画的感觉。这种简单的练习可以帮助我们认识Painter的画笔，并熟悉压感笔和数位板。尝试使用更多的画笔绘画，例如，Oils画笔的Flat Oils和Rouncd Camelhair变量工具，以及Pencils画笔的Grainy Variable Pencil和Sketching Pencil变量工具等。

2.2.5 图层控制

在图层面板菜单中，可以选择诸如Convert to Default Layer(转换为默认图层)、Convert Text to Shapes(将文本转换为矢量图形)、DryWatercolorLayer(烘干水彩图层)等命令。

图2.2.4.7 橡皮工具栏

图2.2.5 图层控制面板

2.2.6 Painter的色彩

色调、饱和度和明度是Painter颜色的三个基本属性。在设计时，用户可以首先选定一个主色调(Hue)，接着改变它的饱和度(Saturation)和明度(Value)来做修改。Painter的Standard Color(标准颜色)拾取器和Small Color (小型颜色)拾取器都是针对这三个属性进行设计的。但是，如果用户更习惯在RGB(红、绿、蓝)色彩空间中工作，程序也支持。单击Color标题栏右上角的三角形按钮，展开下拉菜单执行相应命令则可在Standard Color拾取器和Small Color拾取器之间进行切换。要想查看RGB值而非HSV值时，可以单击colors标题栏右上角的三角形按钮，选择Display as RGB命令。单击Color Info面板标题栏右上角的三角形按钮，则可以配合RGB滑块指定颜色，如图2.2.6.1所示。常用的调色方法点击颜色块面，在弹出的颜色调节器中调色，如图2.2.6.2所示。

图2.2.6.1 展开Colors面板即可打开含有色环的 Standard Color拾取器

图2.2.6.2 颜色调节器

2.3 用Painter绘制草图的实例

下面我们将一起探讨Corel Painter电脑软件表现产品设计效果图的练习。作为产品设计的重要前期流程，除了精确合理的设计图纸以外，概念设计中的效果图也是非常重要的环节。

Step1:

运行 Painter软件，新建一个空白文件，并设置纸张颜色，用来统一规划整体色调。

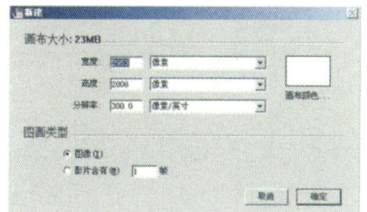

图2.3.1 新建一个空白文件

Step2:

新建一层，使用 Intuos3压感笔配合软件里的 Pencil/2B Pencil，可以快速画出大致的草图构思。不用担心当前的草图过于粗糙，尽量捕捉你头脑中的灵感，并快速记录下来。注意整体的透视和比例关系，尽量先抓住整体的大形状，不要在意细节。

铅笔

图2.3.2　新建一层，画出草图构思

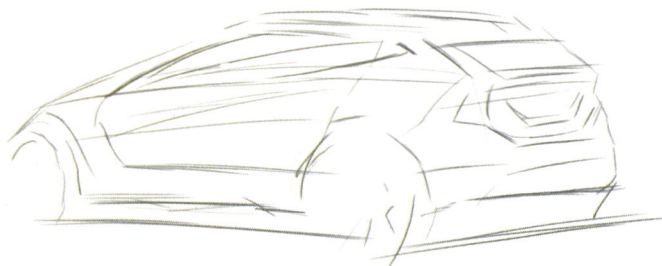

图2.3.3　注意整体透视和比例关系

Step3:

把草图层的不透明度降低到 5% 左右，然后新建一层在上面，进行干净线稿的描图操作。

图2.3.4　描图操作

Step4:

继续使用 Broad Water Brush 的笔刷进行整体铺色，画出更多的色彩变化，但是这些变化不要破坏原来设定的大关系。

图2.3.5 整体铺色

Step5:

切换到 Simple Water 的笔刷，进行一些细节的修饰。

图2.3.6 细节修饰

Step.6

局部放大视图，使用 Oil Pastels/Oil Pastel 刻画局部细节。

图2.3.7 局部细节刻画

Step7:

最后进行整体的调整，我们并不需要把每个部分都画得非常完美，基本的东西都表达明白即可。效果如图2.3.8所示。

图2.3.8　整体调整

2 | 第二部分
设计方案二维设计表现的训练

第三章　Illustrator在产品二维效果图中的应用

3.1　Illustrator的基础知识

　　Illustrator是Adobe公司开发的平面设计软件，用Illustrator可以绘制丰富多样的矢量图形，也可以置入点阵图片。Illustrator可以打开Auto CAD、Corel DRAW、Freehand等很多软件生成的文件；Illustrator生成的AI格式的文件也可以被其他的平面软件接受。在Illustrator里创建的轮廓参数，可以直接被三维的软件借用，成为生成三维模型的基础。在Illustrator里填充的颜色和绘制的图形可以被导出成各种格式的图片，作为三维软件的贴图来使用。另外，Illustrator与Photoshop有更好的兼容性,如果在Illustrator中链接的点阵图片是用Photoshop处理过并存储成psd格式的文件，修改时可以直接进入Photoshop对图片进行处理。

Illustrator10.0的工作界面

　　图3.1是打开的Illustrator10.0的工作界面，是由菜单栏、标题栏、工作区、状态栏和绘制时所用的各种控制面板等组成。下面将重点介绍工作界面中的各个部分。

菜单栏
标题栏

工具栏

控制面板

工作区

状态栏

图3.1　Illustrator 10.0的工作界面

3.1.1　菜单栏[①]

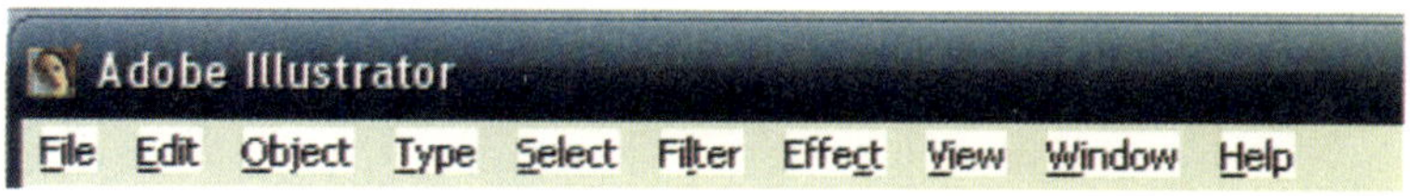

图3.1.1　菜单栏

在Illustrator10.0中一共有10组菜单栏，它们分别是：File(文件)、Edit(编辑)、Object(对象)、Type(文本)、Select(选择)、Filter(滤镜)、Effect(效果)、View(视图)、Windows(窗口)和Help(帮助)。在此，我们简单地介绍一下各个菜单的功能：

(1) File菜单

该菜单包括对文档进行的基本操作命令，例如：文档的Open(打开)、Close(关闭)、Save(保存)、Place(置入)、Export(导出)、Document Setup(文档设置)和Print(打印)等命令。

(2) Edit菜单

该菜单则包括对对象进行Copy(复制)、Cut(剪切)、Paste(粘贴)和Color Setting(颜色设置)、Keyboard Setting(快捷键设置)、Preferences(预置)等命令。

(3) Object菜单

该菜单包括Transform(变形)、Arrange(排列)、Group(群组)、

[①] 崔燕晶. Illustrator CS标准教程. 北京：中国青年出版社，2004.

Lock(锁定)、Blend(混合)以及Clipping Mask(剪贴路径)等对选择的对象进行各种变形的命令。

(4) Type菜单

该菜单包括设置文字的Font(字体)、Size(字号)等命令。

(5) Select菜单

该菜单包括对编辑对象的All(全选)、Inverse(反选)，以及选择具有相同属性对象的命令。

(6) Filter菜单

该菜单在给矢量图或位图设置特殊效果的同时，也会改变对象的基本属性。

(7) Effect菜单

该菜单在给矢量图或位图设置特殊效果的同时，不会改变对象的基本结构。

(8) View菜单

该菜单包括多种辅助绘图的命令。

(9) Windows菜单

该菜单可控制所有控制面板和工具箱的隐藏和显示。

(10) Help菜单

该菜单包括与Illustrator相关的信息：工具、菜单、面板的功能和使用方法。

3.1.2 控制面板

在Illustrator10.0中一共有24个浮动的控制面板，用户可以根据自己的需要在Windows菜单中进行显示选择。下面就来看一下各个浮动控制面板的含义。

(1) Actions（动作）面板

在该面板中，用户可以将多个命令录制成为一个命令的集合即动作，并可以用一个快捷键按钮定义这个命令的集合。这样一来，用户只要单击快捷键就可以完成多个命令的操作，大大提高了工作效率。

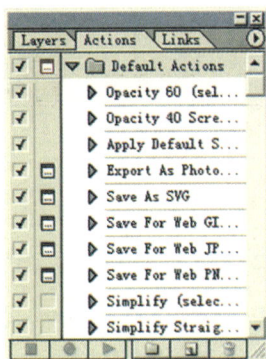

图3.1.2.1 Actions（动作）面板

(2) Align（对齐）面板

该面板可以使所选择的对象沿着指定的轴向分散或对齐，该控制面板的快捷键为Shift+F7。

(3) Appearance(外观)面板

该面板可以显示当前对象的外观属性，例如：Stroke(笔画)、Fill(填充)、Transparency(透明)等。

(4) Attributes（属性）面板

该面板可以控制对象的输出分辨率，以及是否显示对象的中心点等属性，快捷键为F11。

(5) Brushes（笔刷）面板

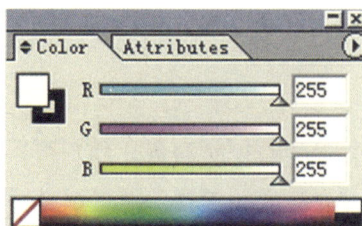

该面板可以说是本软件最富有创造性的控制面板，该面板中存储着软件中默认的笔刷以及用户自定义的各种笔刷,利用该面板可以完成新建、编辑、删除笔刷等操作。

(6) Color（颜色）面板

该面板可以对图形或路径进行装饰。

图3.1.2.2　Align（对齐）面板

图3.1.2.3　Appearance（外观）面板

图3.1.2.4　Attributes（属性）面板

图3.1.2.5　Brushes（笔刷）面板　　　　图3.1.2.6　Color（颜色）面板　　　　图3.1.2.7　Document Info（文档信息）面板

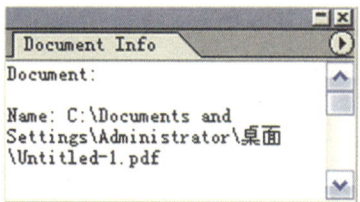

(7) Document Info（文档信息）面板

该面板用来显示当前文档的相关信息。例如当前文档操作的位置及链接。

(8) Gradient(渐变)面板

该面板用来设置Gradient Color(渐变颜色)、Type(类型)以及

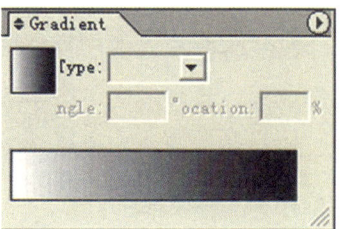

图3.1.2.8　Gradient（渐变）面板

Angle(角度)等相关属性。

(9) Styles（图形样式）面板

该面板包括混合模式、不透明度以及滤镜等操作命令，可以用来改变对象的外观。

图3.1.2.9 Styles（图形样式）面板

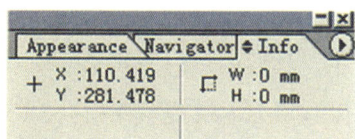

(10) Info(信息)面板

该面板用来显示当前对象的角度、坐标数值以及颜色信息等。

(11) Layers（图层）面板

该面板用来管理和安排图形对象，为绘制复杂图形带来了方便。用户可以通过控制该面板来管理当前文件中所有图层，并完成对图层的新建、移动、删除、选择等操作。

图3.1.2.10 Info（信息）面板

(12) Links(链接)面板

该面板可以控制链接或嵌入当前文件中图像的状态，还可以将链接的图像转换为嵌入的图像。

(13) Magic Wand（魔术棒工具）面板

该面板可以根据所选对象调整参数设置来改变魔术棒的Tolerance(容差)。

图3.1.2.11 Layers（图层）面板

(14) Navigator（导航器）面板

该面板可以帮助用户查看所绘图形的位置，调整其显示的大小，方便以各种缩放比例观察当前的工作页面。

图3.1.2.12 Links(链接)面板

图3.1.2.13 Magic Wand（魔术棒工具）面板

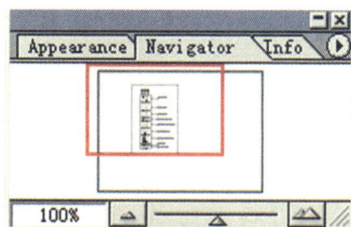

图3.1.2.14 Navigator（导航器）面板

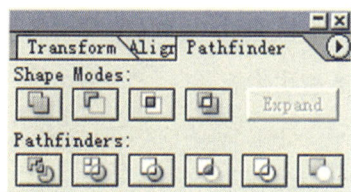

(15) Pathfinder（路径寻找器）面板

该面板上有多个路径操作命令按钮，在该面板上可以完成组合路径、分离路径和拆分路径等的操作。

图3.1.2.15 Pathfinder（路径寻找器）面板

（16）Stroke（笔画）面板

该面板可以选择线段的笔画属性，包括笔画的粗细、笔画的顶点和转角状态以及笔画的实虚线状态等线段属性。如果是虚线，还可以定义虚实线相间的点与线的分布规律。

（17）SVG Interactivity（SVG交互）面板

该面板可以升级矢量图形，创建出高质量的交互式网页，并控制SVG对象的交互特性。

（18）Swatches（样本）面板

该面板可以包括色块、渐变色块与图案色块等样本，用来设置填充以及边线颜色。

（19）Symbols（符号）面板

该面板可以通过添加、删除或应用符号元件来进行各种操作。

（20）Tool(工具)面板

该面板就是通常称的工具箱。包括绘制、编辑图形等用到的所有工具。

（21）Transform(变形)面板

该面板可以通过定义参考点，将对象进行移动、缩放、旋转或倾斜等操作。

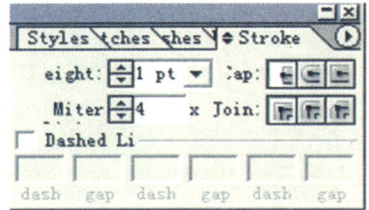

图3.1.2.16　Stroke（笔画）面板

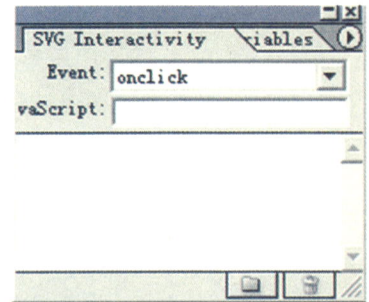

图3.1.2.17　SVG Interactivity（SVG交互）面板

图3.1.2.18　Swatches（样本）面板

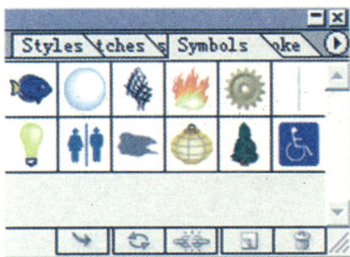

图3.1.2.19　Symbols（符号）面板

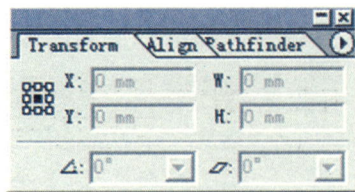

图3.1.2.20　Transform（变形）面板

（22）Transparency（透明）面板

该面板可以调整对象的不透明度，设置混合模式以及制作不透明蒙板。

（23）Type（文字）面板

该面板可以对文字的字体、字号、字距、行距等进行调整。并且可以相应地显示Character(字符)控制面板、

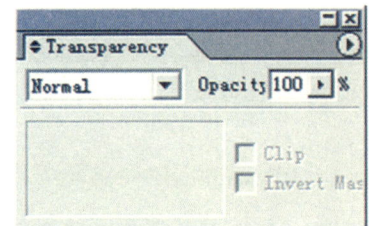

图3.1.2.21　Transparency（透明）面板

Paragraph(段落)控制面板、OpenType控制面板和Tab(制表位)控制面板。

（24） Variables（变量）面板

该面板可以显示文档中的变量类型和名称，如图3.1.2.23所示。

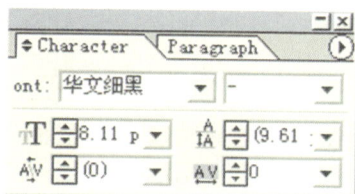

图3.1.2.22 Type（文字）面板

3.1.3 工具栏

Illustrator10.0的工具非常多，将其归类，可分为选择工具组、造型工具组、变形工具组、喷枪与图表工具组、网格渐变与混合工具组、切割查看工具组、填充色块与边线色块、填充类型、屏幕显示方式这九大类工具模块，如图3.1.3.1所示。

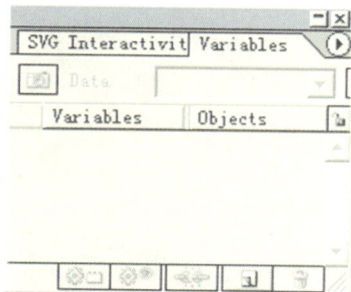

每个带有小三角标志 ◢ 的工具，用左键点击这个图标，就有延展工具。图3.1.3.2是把每个可延展的工具栏延展出来的效果，我们对常用的工具进行了注释。

图3.1.2.23 Variables（变量）面板

图3.1.3.1 工具栏

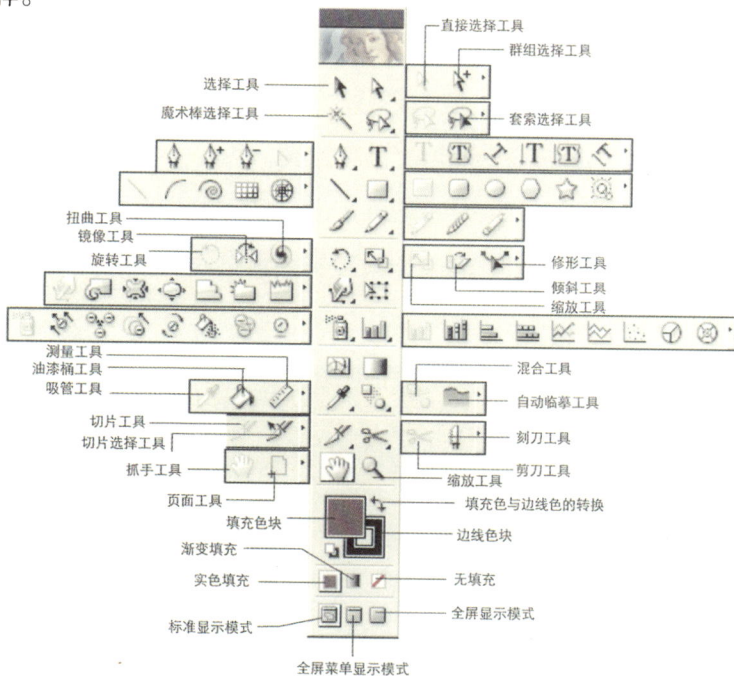

①选择工具组
②造型工具组
③变形工具组
④喷枪与图表工具组
⑤网格渐变与混合工具组
⑥切割查看工具组
⑦填充色块与边线色块
⑧填充类型
⑨屏幕显示方式

图3.1.3.2 工具栏延展全图

直接选择工具
群组选择工具
选择工具
套索选择工具
魔术棒选择工具
扭曲工具
镜像工具
旋转工具
修形工具
倾斜工具
缩放工具
测量工具
油漆桶工具
吸管工具
混合工具
自动临摹工具
切片工具
刻刀工具
切片选择工具
剪刀工具
抓手工具
缩放工具
页面工具
填充色与边线色的转换
填充色块
边线色块
渐变填充
实色填充
无填充
标准显示模式
全屏显示模式
全屏菜单显示模式

3.2 用Illustrator绘制MP3效果图的实例

下面用Illustrator绘制MP3效果图。图3.2.1和图3.2.2是供我们绘图参考的MP3的照片。Illustrator是一个矢量软件，对线的操作上具有更方便灵活的特点，通过添加减少锚点、调节锚点等工具，可绘制出任意图形，而且将图形进行任意的放大缩小，都可以保持品质的清晰。而且与Photoshop图形处理软件兼容，颜色还原比较好。

图3.2.1　某MP3正面照片

图3.2.2　某MP3侧面

3.2.1　绘制线框图

Step1：

对于绘制线框图，我们还是选择在犀牛软件（Rhino）里绘制，因为Rhino里更容易绘制和控制，然后可以通过另存为（Save as）保存为Illustrator的AI格式。对于犀牛软件（Rhino）的使用，我们会在第三部分设计方案三维设计表现的训练中详细讲到。如图3.2.1.1、图3.2.1.2所示：

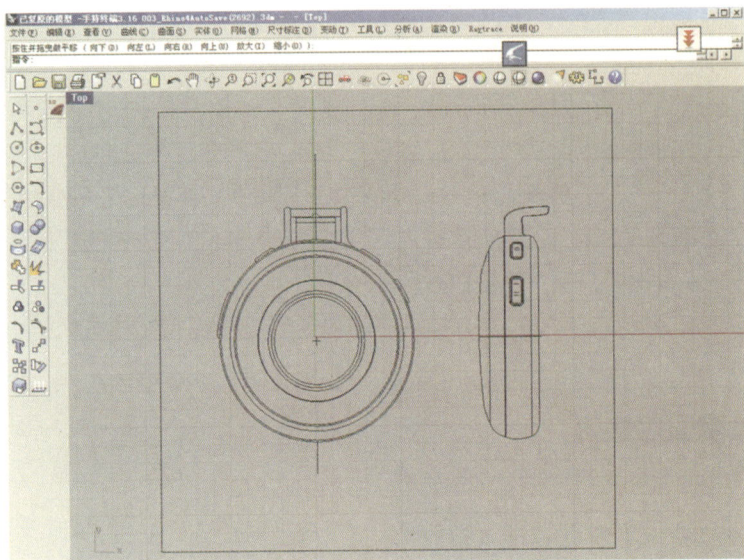

图3.2.1.1　利用Rhino软件绘制出线框图

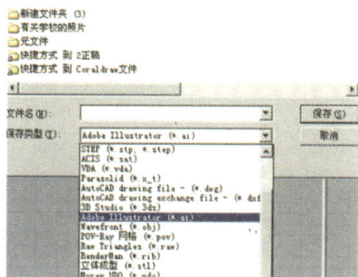

图3.2.1.2 将线框图保存为AI格式　　图3.2.1.3 导出图形

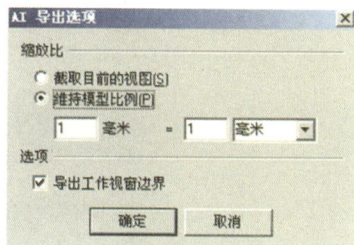

新建个名称为[MP3]的文档，在弹出的窗口中选择确定，如图3.2.1.3所示。

Step2:

打开MP3.ai的文件，如图3.2.1.4所示。

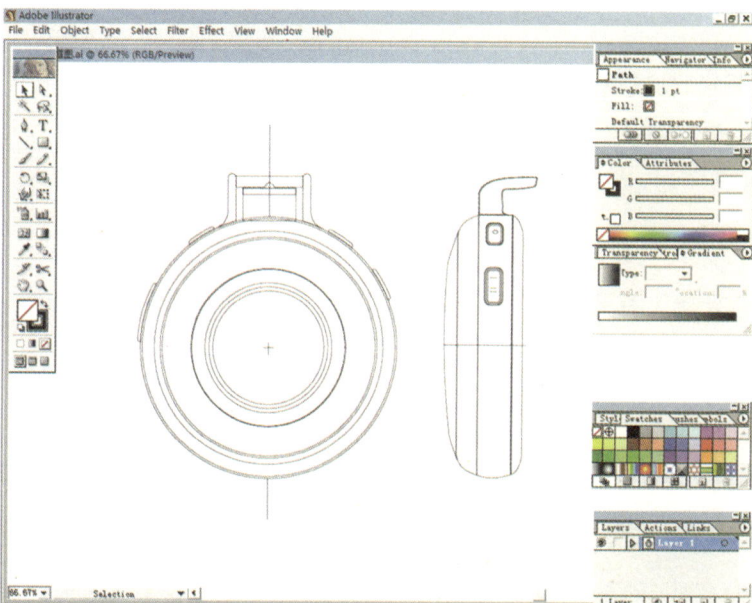

图3.2.1.4 用Illustrator打开MP3.AI文件

3.2.2 绘制正视图主体部分

Step1:

为了绘图的方便，先将各按钮等零部件分几个图层，然后隐藏起来。在分层的时候先新建新的图层，然后再选择你要分层的那个部件，按右键选择Send to current layer。这样这个部件就能从原来的图层转移到新的图层中去。如图3.2.2.1、图3.2.2.2所示。

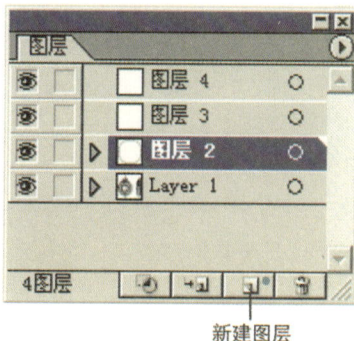

图3.2.2.1 图层控制面板

图3.2.2.2　将图层转移

　　我们还可以对图层进行隐藏/删除/位置置换等处理。比如点击图层控制面板的小眼睛即可隐藏图层。在下面的操作过程中,把相对性的图层调出来,不作一一说明。

Step2:

　　选择需要填充的部件,选择渐变工具,调节渐变滑杆,如图3.2.2.3/4所示,对轮廓进行填充。图3.2.2.5为调节渐变滑杆的控制面板。

图3.2.2.3　画出外轮廓

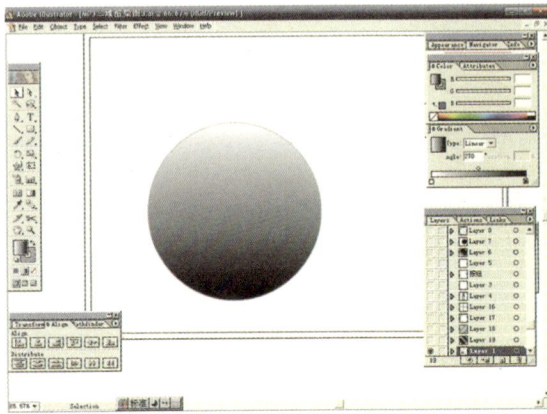

图3.2.2.4　进行填充

Step3:

选择填充后的轮廓图，如图3.2.2.6，单击鼠标右键，在弹出的下拉菜单中选择 [变换>缩放]（Transform>Scale），如图3.2.2.7。弹出[比例]对话框，设置参数，如图3.2.2.8所示。然后单击[复制]，再通过渐变滑杆调节渐变效果，如图3.2.2.9所示，渐变方向从左上到右下，如图3.2.2.10所示。

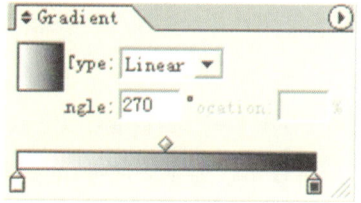

图3.2.2.5　调节渐变滑杆控制面板

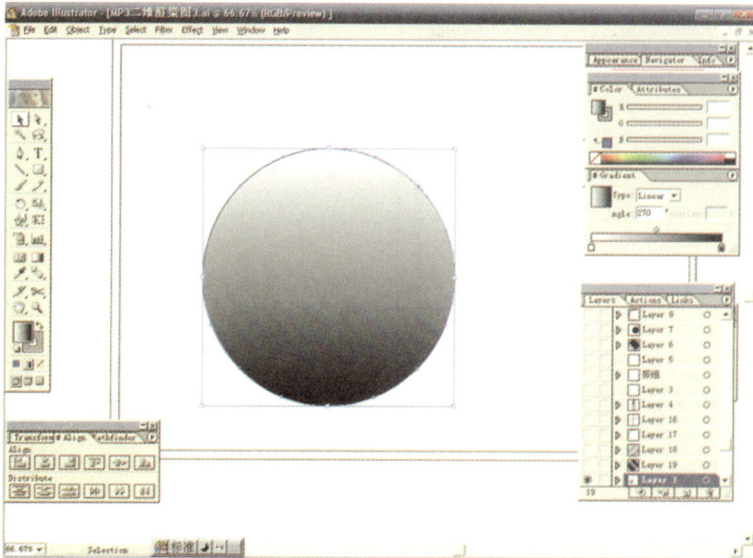

图3.2.2.6　填充后的轮廓图

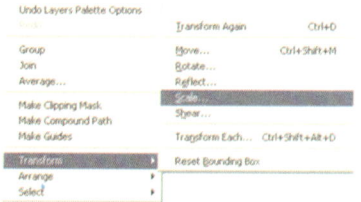

图3.2.2.7　变换缩放

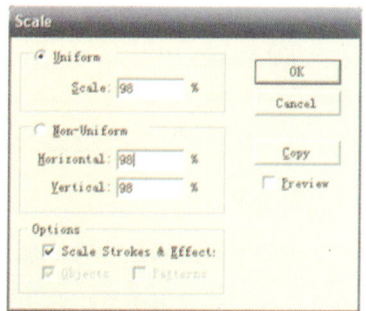

图3.2.2.8　设置参数

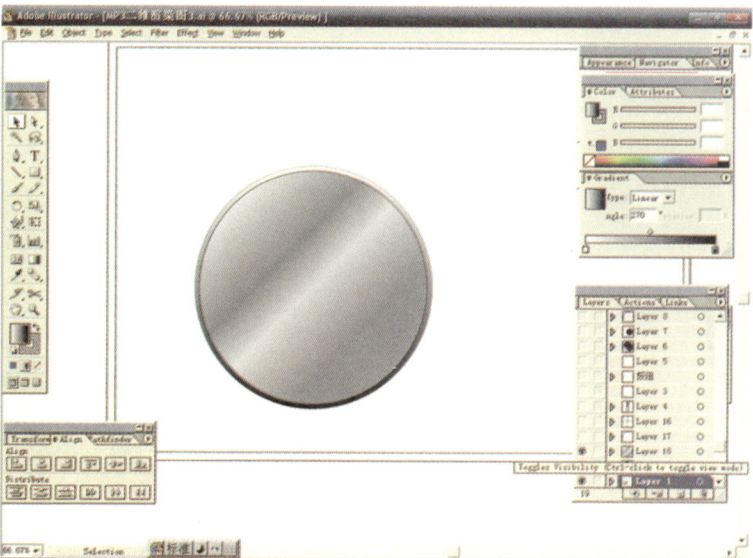

图3.2.2.9　调节渐变效果

图3.2.2.10　渐变效果

Step4:

按照上面的做法，再次选择新复制的轮廓。单击鼠标右键，在菜单中选择[变换>缩放]，将比例参数设置为96%。然后单击[复制]，出现一个新的圆形，效果如图3.2.2.11所示。

图3.2.2.11 复制新图层

Step5:

按照上面的做法，在底层根据结构多做几个图层，这样就会使机身体积感显得更强一些。调整各个参数设置，如图3.2.2.12，从左上到右下拉出渐变，调整渐变效果，如图3.2.2.13所示。

图3.2.2.12 调节参数

图3.2.2.13 从左上到右下的渐变效果图

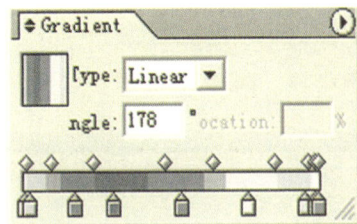

图3.2.2.14 将调好的颜色块插到Swatch控制面板中

调好的渐变的颜色块可以拖到右边Swatch（色板）的控制面板里。

Step6:

在菜单中选择[效果>纹理>颗粒] (Effect > Texture > Grain)，制作出机身的金属感，我们选中机身本身所需要的金属颗粒材质，将其制作成金属颗粒感，如图3.2.2.15所示，进行金属颗粒处理，就可以达到金属颗粒质感的效果。

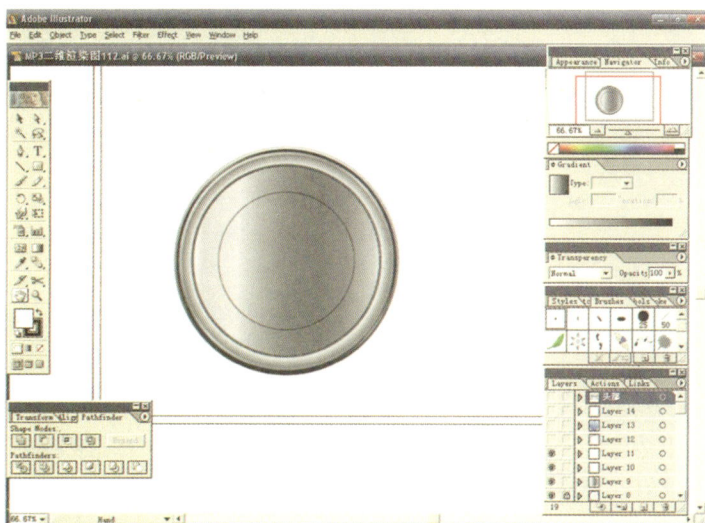

图3.2.2.15 金属颗粒感

Step7:

填充内轮廓，把显示屏幕旁边的镀烙圈材质表现出来。如图3.2.2.16所示。

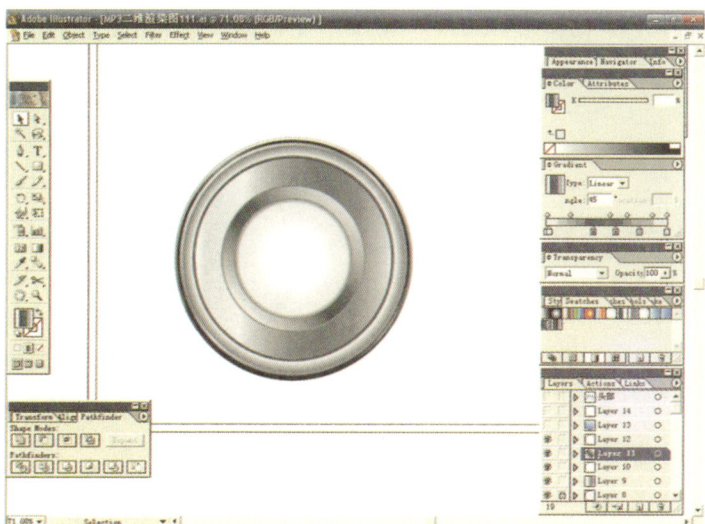

图3.2.2.16 填充内轮廓，表现材质

Step8:

以同样方法绘制出托显示屏的凹面。如图3.2.2.17所示。

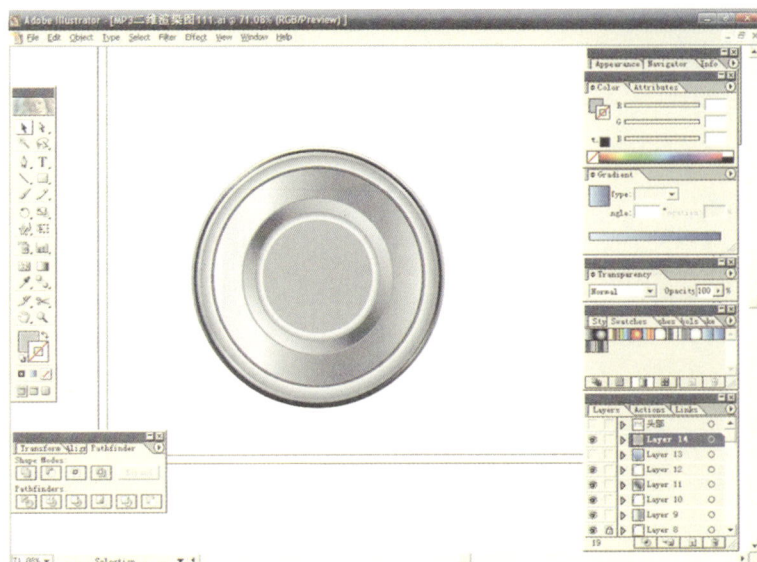

3.2.3　绘制分型线

Step1:

同样方法，再次选择[变换>缩放]，通过变换和复制出圆形和调整线框的色彩，调整出机身的分型线。选择分型线，然后选择渐变工具，根据光线的走向拉出渐变效果，再通过渐变滑杆调出想要的理想效果。在下拉菜单中选择[变换>缩放>复制]，复制出个分型线副本，将分型线副本拖到分型线下，然后再通过调节渐变滑杆，将分型线副本颜色变亮，这样，分型线多了一个层次，就显得丰富了，体积感也强了。效果如图3.2.3.1所示。

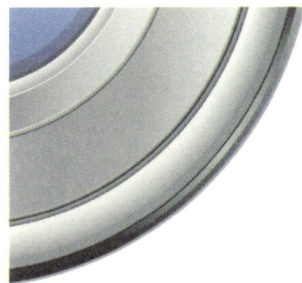

图3.2.3.1　机身局部效果

Step2:

按照上面的方法，绘制出其他分型线。如图3.2.3.2所示。

3.2.4　绘制挂绳部分

Step1:

打开隐藏的图形挂绳部分线框。如图3.2.4.1所示。选中需要着色的线框再选择渐变工具，依次着色。通过渐变滑杆调节

图3.2.3.2　绘制其他分型线

渐变效果。填充好后，注意把线框的颜色去掉，如图3.2.4.2、

图3.2.4.3。(以下图示圆点部分指示其所处的渐变参数)。

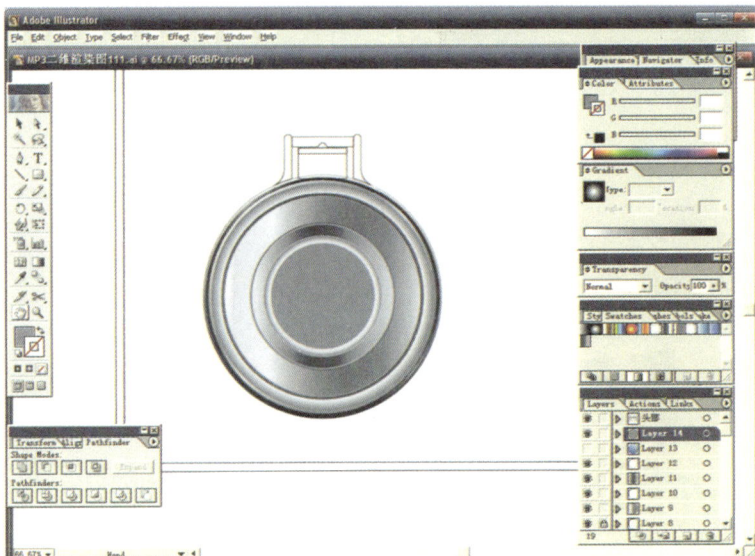

图3.2.4.1 打开隐藏的图形挂绳线框

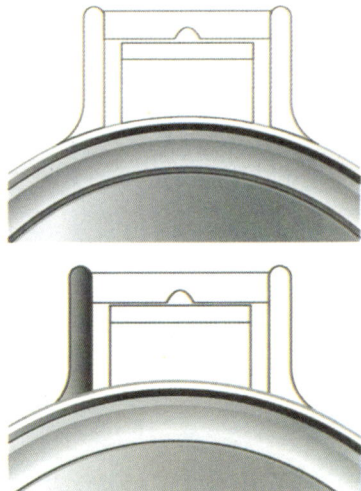

图3.2.4.2 选择着色线框

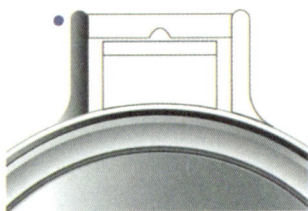

图3.2.4.3 细部渐变效果及其参数

Step2:

以同样方法画其他部分，如图3.2.4.4～图3.2.4.6所示。

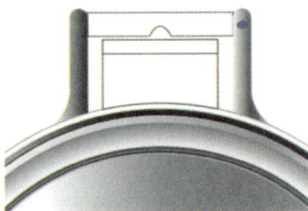

图3.2.4.4 细部渐变效果及其参数

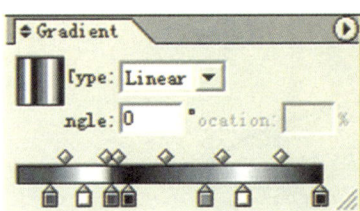

图3.2.4.5 细部渐变效果及其参数

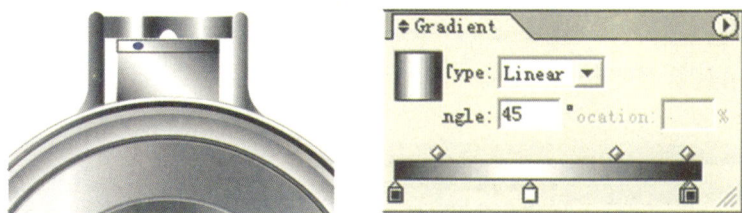

図3.2.4.6　細部渐变效果及其参数

Step3:

通过钢笔工具，添加和移动描点，对细节进行调整，同时借助Pathfinder面板的组合路径、拆分路径等工具，调整出我们需要的形态，使其形态更加贴近对象的特征。

图3.2.4.7　调整细节

Step4:

新建图层，对细节光线和质感进行处理。先画一个小长矩形，然后填入渐变，根据光影效果制作。之后通过高斯模糊（Effect>Blur>Gaussian Blur），对其进行柔化处理。

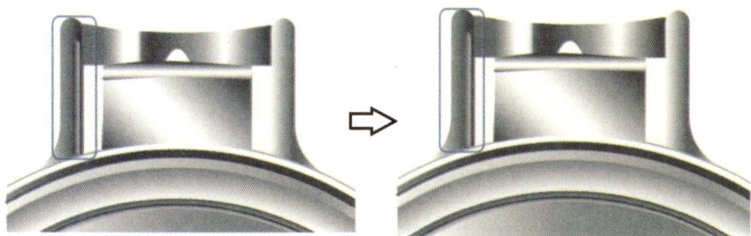

图3.2.4.8　调整细节光线和质感

Step5:

以同样的方法，根据光影的规律来画出MP3的头部挂绳部分，如图3.2.4.9所示。注意细节的处理。

图3.2.4.9　调整挂绳部分光影

3.2.5 绘制显示屏

Step1:

调出显示屏的线框图，如图3.2.5.1所示。

图3.2.5.1 调出显示屏的线框图

Step2:

选择显示屏的外线框，利用渐变填充工具，填充颜色两头分别为：R：191、G：224、B：255；R：0、G：71、B：139的蓝色，渐变填充类型选择Linear（射线），角度为-90，然后去掉线框颜色，如图3.2.5.2所示。

Step3:

选择显示屏的内线框，利用渐变填充工具，填充颜色两头分别为：R：191、G：224、B：255；R：0、G：98、B：191的蓝色，渐变填充类型选择Linear（射线），角度为-115，然后去掉线框颜色，把图层的透明度改为75%。如图3.2.5.3所示。

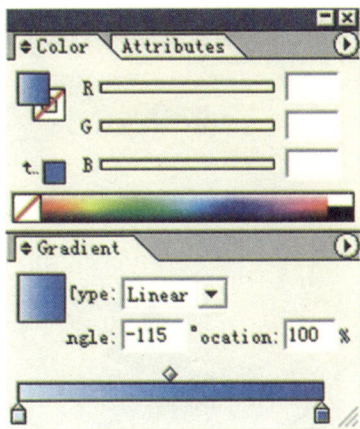

图3.2.5.2 填充颜色

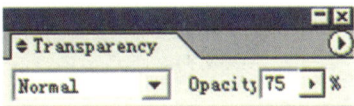

图3.2.5.3 填充颜色

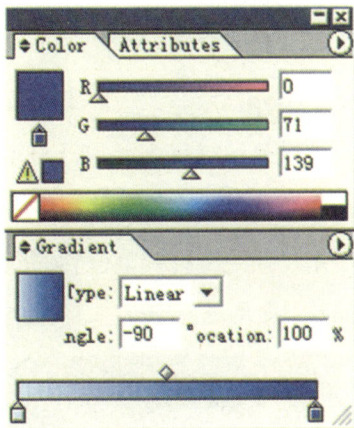

Step4:

现在给MP3加个数字界面，使效果图更富真实感。可以在Illustrator软件里做，也可以在犀牛软件里把线框做好再导入。假如在犀牛里做好导过来的话，注意要把相关的线都结合好，这样才可以填充颜色。这里示范的是在犀牛里做好再导出来的，然后在Illustrator软件里加文字。

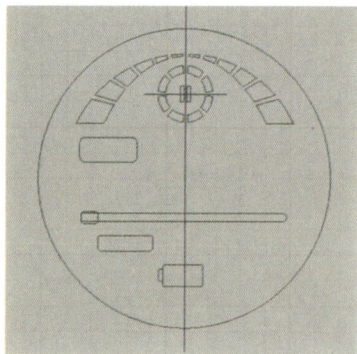

图3.2.5.4　在犀牛软件里制作线框

Step5:

把线框填上需要的颜色，选择圆的外轮廓，去掉底色，如图3.2.5.7所示。

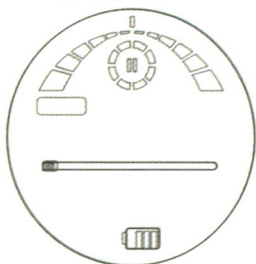

图3.2.5.5　导入Illustrator软件

图3.2.5.6　在Illustrator软件里加文字

图3.2.5.7　填充颜色

Step6:

把显示数字界面的图拖到显示屏的中间放正，调整到合适大小，如图3.2.5.8所示。

Step7:

做显示屏反光。选择显示屏的外圈，复制一份，运用修剪命令，剪出合适的图形，并去掉外框，填充为渐变。如图3.2.5.9所示。渐变滑杆调整位置如图3.2.5.10所示，调整图层透明度至34%，参考图3.2.5.11。图3.2.5.12为到现在这步所呈现的效果。

图3.2.5.8　置入数字界面

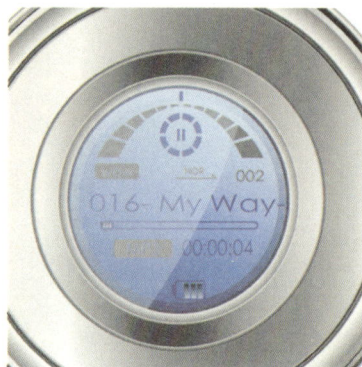

图3.2.5.9　制作反光

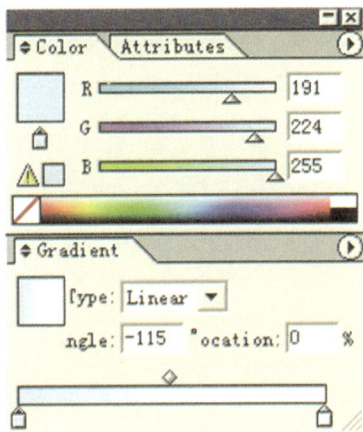

图3.2.5.10 调整渐变滑杆

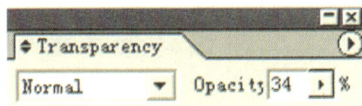

图3.2.5.11 调整图层透明度

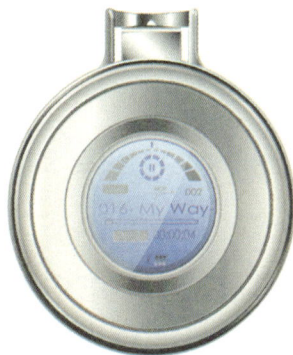

图3.2.5.12 目前效果

3.2.6 制作按键

Step1:

调出按钮线框图，如图3.2.6.1所示。

Step2:

选择按钮的外线框，利用填充工具填充底色，如图3.2.6.2所示。

Step3:

选中要着色的一个按钮，利用钢笔工具中的添加和删除描点功能，并根据素描关系和光感来做按钮的细节，依次着色。如图3.2.6.3所示。

图3.2.6.1 调出按钮线框图

图3.2.6.3 对按钮细部着色

图3.2.6.2 填充按钮底色

这样，MP3播放器的二维设计表现效果图就完成了。由于篇幅有限，有些细节无法一一表现，希望读者通过所学的方法，把其表现出来。图3.2.6.4为MP3播放器的正面效果图。

图3.2.6.4 MP3播放器二维设计表现效果图

第四章 CorelDRAW在产品二维设计效果图中的应用

4.1 CorelDRAW 12的基础知识

CorelDRAW图像软件是一套图形、图像编辑软件，可同时用于矢量图、图像编辑和页面设计等多重工作。CorelDRAW的界面和整个绘图系统的布局操作非常简便,它的线和图层都可以改动，极大地方便了我们平时的设计工作。CorelDRAW为矢量软件，可任意放大缩小，效果图的质量不会受到影响。CorelDRAW做好的图可顺利导入三维系统，成为三维建模的参考线。

4.1.1 CorelDRAW 12的工作界面

图4.1.1是默认状态下的CorelDRAW 12的工作界面，由标题栏、菜单栏、工具箱、状态栏、属性栏等部分组成的。下面将对其进行详细的介绍。

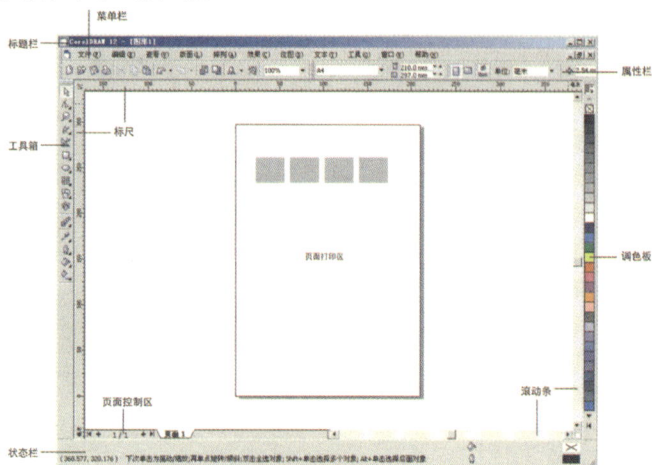

图4.1.1　CorelDRAW 12工作界面

4.1.2 标题栏

位于应用程序和文件窗口的顶部(如图4.1.2所示)，显示当前工作的程序名和加载图形图像的文件名，如果你没有给文件命名，系统将以默认形式命名。标题栏最右边的三个图标按钮分别可以用于将界面最小化、最大化／还原、关闭。

图4.1.2　标题栏

4.1.3 菜单栏

标题栏的下面是CorelDRAW 12所有的绘图命令，如图4.1.3.1所示。它包含11个子菜单系统，单击任何一个子菜单可以将其打开，如图4.1.3.2所示。

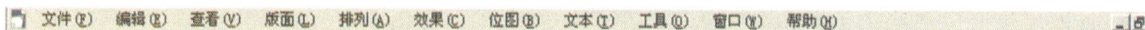

图4.1.3.1　菜单栏绘图命令

在打开的下拉式菜单中有些菜单项显示为灰色，表示此时系统无法使用这些命令，只有当系统进入相应的绘图状态后，这些菜单项才会启用。有些菜单项后面带有符号"…"，表示选中该菜单项时，系统将弹出相应的对话框，使用者在此可以进行详细的设置操作。有些菜单项后面带有黑色三角形，表示该菜单项还有子菜单项，将鼠标移到该菜单项，系统会弹出子菜单项。系统还为大部分的菜单设置了快捷键，使用这些快捷键，系统就可以执行相应的绘图操作，从而提高工作效率。在这里我们先扼要讲述菜单栏最主要的功能；在后面章节的制作实例中，如果用到这些命令，我们还会详细讲述。

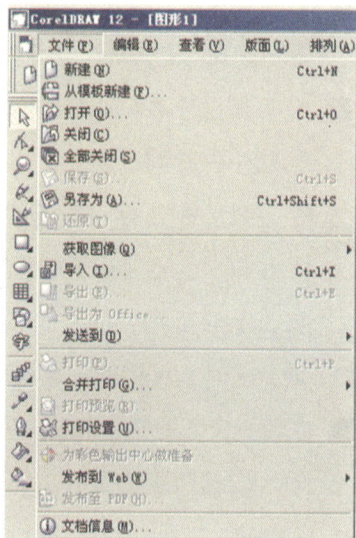

图4.1.3.2　打开的子菜单系统中的文件命令

■ File (文件)：绘图的文件管理。

■ Edit (编辑)：绘图的编辑操作。

■ View (查看)：浏览绘图和显示绘图的设置。

■ Layout (版面)：绘图版面的设置。

■ Arrangel(排列)：处理各种绘图图形的变换操作。

■ Effects(效果)：处理和生成绘图的特殊效果。

■ Bitmaps (位图)：绘图面板中位图的转换和处理工作。

■ Text(文本)：绘图中用到的各种文本效果处理。

■ Tools(工具)：提供了各种绘图工具并可以在此设置有关的绘图工具。

■ Window(窗口)：系统的窗口管理。

■ Help(帮助)：提供联机在线帮助。

4.1.4　标准工具栏

CorelDRAW 12中的一些命令存在于菜单栏中的不同菜单中。此工具栏中的按钮按功能分类，大致可分为新建、打开、保存、撤销和帮助五类。标准工具栏的形态如图4.1.4所示。

图4.1.4　标准工具栏形态

■ 标准工具栏可拖放于【页面打印区】周围的任意位置，它包含一组图标按钮，单击这些图标按钮后可执行相应的命令。

■ 拖动工具栏左侧的控制柄　，可以移动工具栏。也可以使固定在窗口边缘的工具栏浮在窗口上。

■ 当工具栏浮在CorelDRAW 12窗口上时，可以在工具栏的标题栏中看到该工具栏的名称。要移动浮在窗口上的工具栏，只要用鼠标左键拖动工具栏的标题栏即可，也可以将浮在窗口上的工具栏放置在窗口的任何一侧；要改变浮在窗口上的工具栏的大小，可以用鼠标拖动工具栏的边界移动，这时工具栏的长宽将发生变化。

■ 在每一个工具栏上都有一些按钮。当鼠标移动到这些按钮上时，按钮将突出显示，停留一段时间，该按钮的名称将显示出来。

■ 当某些按钮显示为灰色时，表示这些按钮此时不能使用。当鼠标移动到这些按钮上时，按钮不会突出显示，但按钮的名称会显示。

4.1.5　属性栏

属性栏是一个上下文相关的命令栏，它的形态根据当前正在执行的命令或状态而产生变化，由于绘图中所选择工具对象的不同，与之相对应的属性栏也会显示出不同的图标按钮和选项。如图4.1.5所示。

图4.1.5 属性栏

■ 当选择文字工具后，属性栏中就只出现与文字有关的命令。这时，如果单击挑选工具来选取对象，属性栏将更新为与此对象有关的命令。在这种情况下，变换命令和格式命令便可以使用。

■ 如果选择了其他工具，属性栏也将发生改变，为这个工具显示其命令和控制选项。

■ 如果在绘图中什么也不选，属性栏将显示整个绘图的状态，如页面大小和方向等。

■ 如果想让属性栏隐藏或显示，则只要在系统菜单下面单击鼠标右键，在弹出的快捷菜单中禁用[Propery Bar](属性栏)选项即可隐藏属性栏；启用即可显示属性栏。

■ 属性栏可以任意放置，当属性栏处于浮动状态时，如果放在应用程序窗口的顶部或底部，它就变成水平条状；如果放在应用程序窗口左边或右边，它就变成垂直条状。

图4.1.6.1 工具箱导航条

4.1.6 工具箱

CorelDRAW 12工具箱按照功能可分为六大类，分别是选择工具、编辑工具、缩放工具、绘图工具、填充工具，特殊艺术效果工具。下面，我们就对这几种工具的功能进行讲解。

(1) 选择工具：允许您选择对象、设置对象大小、倾斜和旋转对象。

(2) 编辑工具：包括手绘工具、贝塞尔工具、艺术笔工具、折线工具、钢笔工具、3点曲线工具、度量工具和交互式连线工具。它们的功能是对图形进行后期修改。

(3) 缩放工具：缩放工具和手形工具是绘图创作过程中必

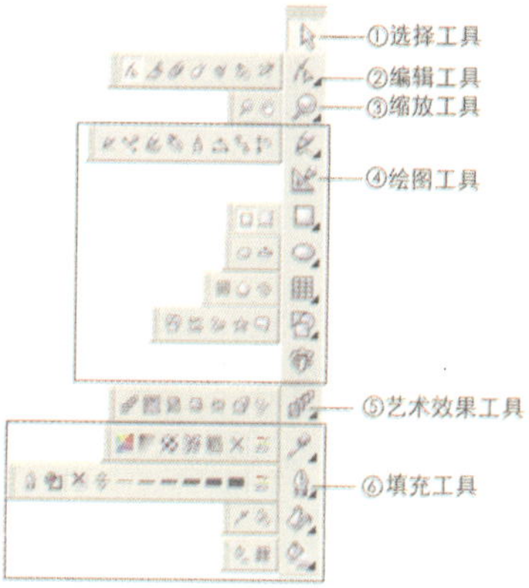

①选择工具
②编辑工具
③缩放工具
④绘图工具
⑤艺术效果工具
⑥填充工具

图4.1.6.2 工具箱功能工具

不可少的辅助工具，它们可以对绘图窗口中的纸页进行任意放大、缩小或平移。

(4) 绘图工具：绘制图形，如点、直线、曲线、矩形、圆形及其他复杂图形等。

(5) 艺术效果工具：可以创建出阴影效果、透明效果、立体化效果等不同的艺术效果。这些工具虽然不是在每个图片中都能够用到，但是在绘图作品中如果能够运用得恰到好处，图片的效果将会非常好。

(6) 填充工具：分为轮廓填充和内容填充两大部分：

■ 轮廓填充不光可以改变轮廓的粗细、样式和颜色，还可以对具有开放式路径的直线或曲线两端进行形状编辑。

■ 内容填充是指把某种颜色或图样填入对象内部，根据不同的设计思路和爱好，将对象进行不同形式的填充，使其更加真实、生动、丰富多彩。

图4.1.6.3是展开工具栏，我们将对其按顺序进行详细介绍。

形状编辑

1) 形状工具：编辑对象的形状。

2) 刻刀工具：切割对象。

3) 擦除工具：移除绘图的区域。

4) 涂抹笔刷：沿矢量对象的轮廓拖动对象以使其变形。

5) 粗糙笔刷：沿矢量对象的轮廓拖动对象以使其轮廓变形。

6) 自由变换工具：通过自由旋转、角度旋转、比例以及倾斜工具来变换对象。

7) 虚拟段删除工具：删除对象交叉的部分。

缩放

8) 缩放工具：更改绘图窗口中的缩放大小。

9) 手形工具：控制绘图窗口中绘图的可视部分。

曲线工具

10) 手绘工具：绘制单独的直线和曲线。

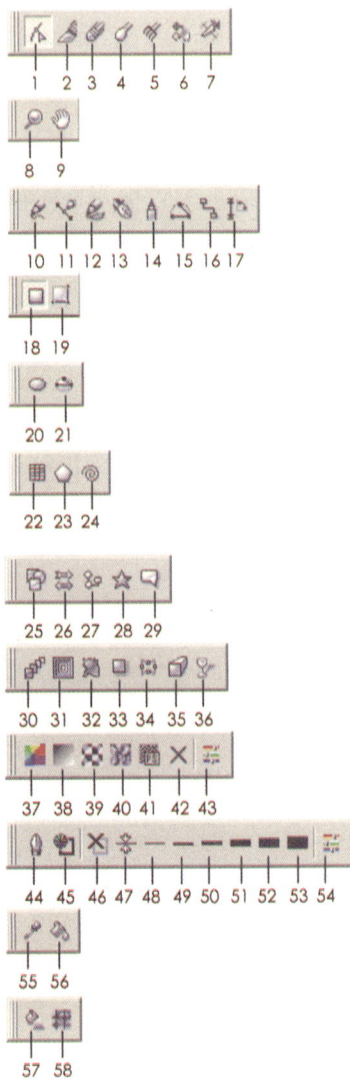

图4.1.6.3　展开工具栏

11) 贝塞尔工具：一次一段地绘制曲线。

12) 艺术笔工具：通过定义起始点、结束点和中心点来绘制曲线。

13) 钢笔工具：一次一段地绘制曲线。

14) 折线工具：以预览模式绘制直线和曲线。

15) 点曲线工具：通过定义起始点、结束点和中心点来绘制曲线。

16) 交互式连线工具：可以用线段连结两个对象。

17) 度量工具：绘制垂直、水平、倾斜或带角度的尺度线。

矩形工具

18) 矩形工具：绘制矩形和方形。

19) 3点矩形工具：通过拖动创建矩形的基线，然后通过单击定义矩形高度来绘制矩形。

椭圆工具

20) 椭圆工具：绘制椭圆和圆。

21) 3点椭圆工具：通过拖动以创建椭圆的中心线，然后点击以定义椭圆高度来绘制椭圆。

对象

22) 图纸工具：绘制与图纸类似的网格线。

23) 多边形工具：绘制对称式多边形和星形。

24) 螺纹工具：绘制对称式螺纹和对数式螺纹。

完美形状

25) 基本形状：可以从各种形状中进行选择，包括六角星形、笑脸和直角三角。

26) 箭头形状：绘制各种形状、方向以及不同头数的箭头。

27) 流程图形状：绘制流程图符号。

28) 星形：绘制星状和爆炸形状。

29) 标注形状工具：绘制标注和标签。

交互式工具

30) 交互式调和工具：可以调和两个对象。

31) 交互式轮廓图工具：向对象应用轮廓图。

32) 交互式变形工具：向对象应用推拉变形、拉链变形或扭曲变形。

33) 交互式封套工具：通过拖动封套上的节点使对象变形。

34) 交互式立体化工具：向对象应用纵深感。

35) 交互式阴影工具：向对象应用阴影。

36) 交互式透明工具：向对象应用透明效果。

填充工具

37) 颜色填充：填充颜色对话框。

38) 渐变填充：填充渐变。

39) 图样填充：填充图样。

40) 底纹填充：填充底纹。

41）PostScrip填充：可以进行PostScrip底纹填充，导入特定纹样。

42）无填充：把原有的填充去除。

43）颜色泊坞窗：调节颜色。

44) 轮廓工具：调节轮廓的粗细、线形、端头的形状等。

45) 轮廓颜色对话框：调节轮廓的颜色。

46) 无轮廓：去除轮廓的颜色。

47-53）各种宽度的轮廓选项。

54) 颜色泊坞窗：调节颜色。

滴管和颜料桶

55）滴管工具：为绘图窗口上的对象选择对象属性，如填充、线条粗细、大小和效果。

56）颜料桶工具：在使用滴管工具选择对象属性后，将对象属性（如填充、线条粗细、大小和效果）应用于绘图窗口上的对象。

交互式填充

57）交互式填充工具：应用各种填充。

58) 交互式网状填充工具：向对象应用网格。

4.1.7 调色板

在CorelDRAW 12绘图窗口的右侧是调色板。调色板是给对象添加颜色的最快途径。可以通过它将一种新颜色添加到对象的当前颜色上。

■ 选择系统菜单"Windows"将鼠标指向[color Palettes](调色板)，可以从中选择一种调色板，选择哪种调色板要根据实际情况而定。

■ 在绘图窗口右侧的调色板底部有一个按钮，单击此按钮，可以将调色板展开，以便从中选择合适的颜色。展开的调色板底部有滚动条，可以通过移动滚动条显示更多的颜色。只要单击调色板任何地方，即可关闭展开的调色板，使其恢复原状。

■ 可以拖动调色板使其浮在绘图窗口上，也可以将调色板固定在绘图窗口的任意一边。

■ 使用调色板选择颜色填充时，应该首先选择要填充的对象，然后在调色板中使用鼠标左键单击一种颜色即可。如果要选择对象轮廓的颜色，可以使用鼠标右键单击调色板中的一种颜色。

■ 如果要删除对象的填充颜色或者轮廓颜色，首先选中该对象。然后使用鼠标左键单击调色板顶部的×按钮，可以删除对象的填充颜色；使用鼠标右键单击调色板顶部的×按钮，可以删除对象的轮廓颜色，如图4.1.7所示。

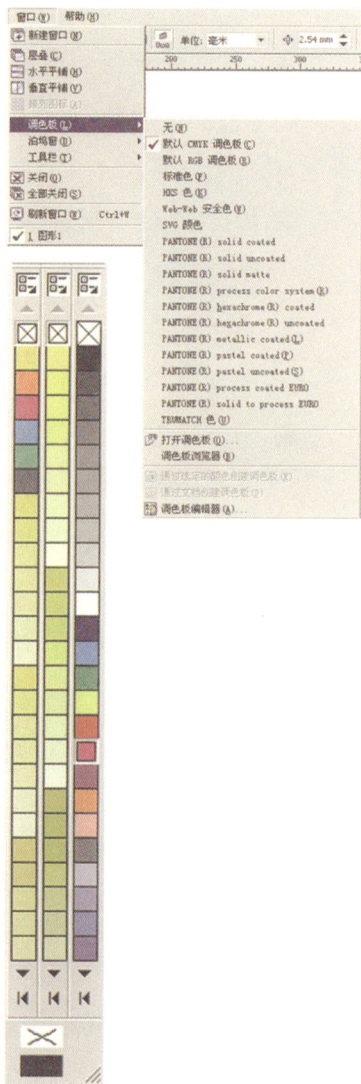

图4.1.7 设置调色板及系统默认颜色框

4.1.8 页面打印区

位于文档窗口中间的一个矩形区域，可进行绘图或编辑文本、图形等操作。页面打印区之外的对象将不会被打印。

■ 绘图区域中绘制或编辑图形，可以将其保存，但是在打印输出时，只能输出页面打印区中的图形。

■ 如果想要把在绘图区域中的所有图形都输出打印，就要把这些图形放置在页面打印区中，如图4.1.8所示。

4.1.9　标尺、网格和辅助线

标尺、网格和辅助线是CorelDRAW 12提供的辅助设计工具，它们用来帮助用户准确地绘制和对齐对象，如图4.1.9所示。

■ 标尺：位于工作区域的上边和左边各有一条，上面标有数值刻度，可测量图形的尺寸大小，可以作为向工作区域内添加辅助线的标准。标尺是可调整的，它可以帮助用户了解在绘图窗口中的位置和尺寸。

■ 网格：是另一种隐含在绘图面板中的可调整工具，可用于帮助用户准确绘制和对齐对象。

■ 辅助线：是一种可添加到"绘图窗口"中，用于帮助对齐对象的直线。

■ 与CorelDRAW 12中的大多数工具一样，用户也可以决定要如何使用标尺、网格和辅助线。在所有情况下，都可以根据需要设置工具属性，以控制工具在绘图中的使用方式。在绘图之前，如果事先设置好标尺、网格和辅助线，在绘图的过程中会对工作效率的提高很有帮助。

■ CorelDRAW 12绘图区域的边缘有水平标尺和垂直标尺，标尺的坐标原点可以由用户自行定义。单击水平标尺和垂直标尺在绘图窗口左上角相交处的图标 ✿，并拖动十字线至绘图区域的指定位置，即可将坐标原点设定在该处。这时绘图窗口将按照新的坐标原点指示对象的相对位置。

■ 默认情况下，辅助线在打印时不出现；可以使用"对象管理器"中的相应控件将辅助线设置成为能够打印的状态。

图4.1.8　打印区域

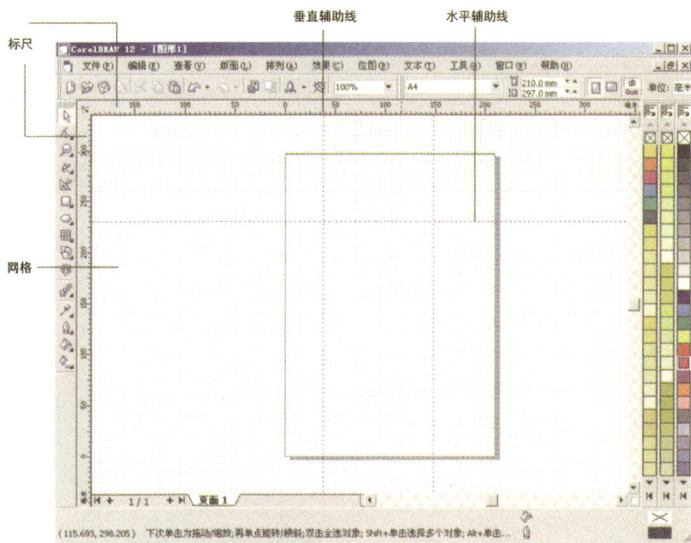

图4.1.9　标尺、网格和辅助线

4.1.10　滚动条和页计数器

滚动条有水平和垂直滚动条之分，可以用来移动当前窗口中的内容，以便查看当前窗口中未显示的图形；页计数器位于绘图窗的底部左侧。如图4.1.10所示。

图4.1.10　滚动条和页计数器

■ 滚动条在工作区的右下边各有一条，用工具箱中的 🖐 拖动，可把工作区向上下左右平移显示图形所在的位置。

■ 可以用鼠标左键单击滚动条的滚动按钮 ◀ 或 ▶ 移动绘图窗口，也可以单击滚动条的空白处，使绘图窗口更快地移动。还可以用鼠标左键拖动滚动条的滑块▯，使窗口移动。

■ 页计数器显示了当前页码、总页数等信息，并可以方便地查看多页文档中各页的内容。CorelDRAW 12允许在一个图形文件中创建多页文档。使用页计数器可以方便地向前或者向后翻页，也可以跳至首页或者末页。

■ CorelDRAW 12的窗口具有自动平移的特性，如果在绘图窗口中拖动对象，当对象移动到窗口边界外时，窗口将自动平移。

4.1.11 状态栏

状态栏显示在CorelDRAW 12系统的底部，状态栏提示了当前操作的简要帮助以及所选对象的有关信息，此外还显示当前光标所在的位置，为确定对象的位置提供帮助。

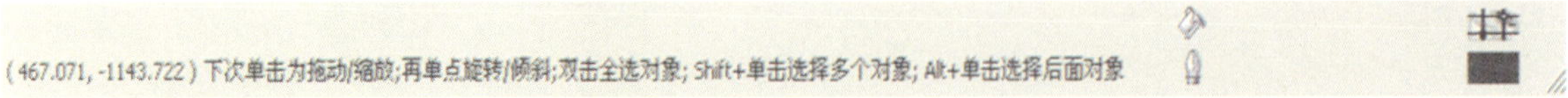
(467.071, -1143.722) 下次单击为拖动/缩放；再单点旋转/倾斜；双击全选对象；Shift+单击选择多个对象；Alt+单击选择后面对象

图4.1.11 状态栏

4.1.12 泊坞窗

泊坞窗与其他窗口有相同的控件，如命令按钮、选项和列表框，如图4.1.12所示。与其他大多数对话框不同，在操作文档时泊坞窗可以一直打开，以便使用各种命令来尝试不同的效果。

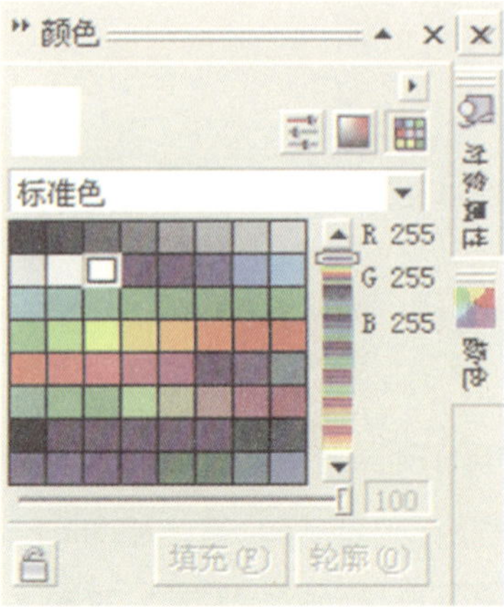
颜色
标准色
R 255
G 255
B 255
100
填充(F)
轮廓(O)
对象属性
颜色

图4.1.12 泊坞窗

4.2 用CorelDRAW 12绘制手机效果图的实例

CorelDRAW 12是一个矢量软件，可绘制出任意图形，并可将图形进行任意放大缩小，都能保持品质的清晰。也可以比较好地表现产品的材质和色彩，也可以通过Illustrator软件转换完成CorelDRAW与犀牛通用的图形。下面我们用CorelDRAW 12绘制手机效果图，具体步骤如下。图4.2是供我们绘图参考的手机照片。

SIEMENS
SXG 75
SIEMENS

图4.2 手机照片

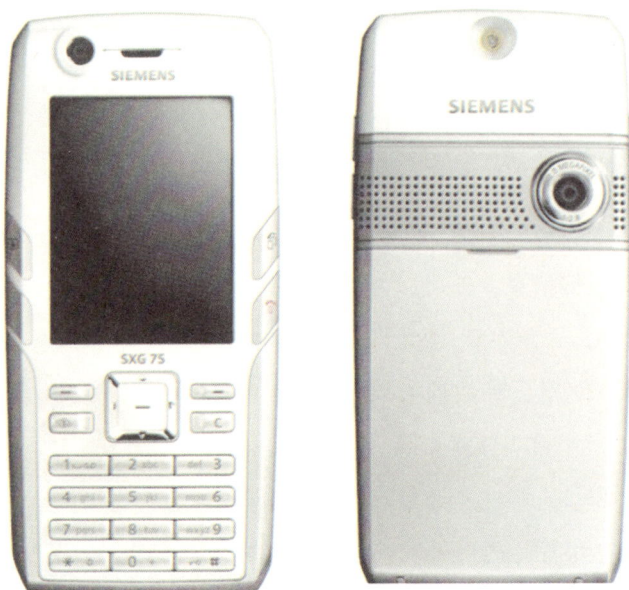

4.2.1 绘制线框图

Step1:

在犀牛软件（Rhino）里绘制线框图，如图4.2.1.1所示。

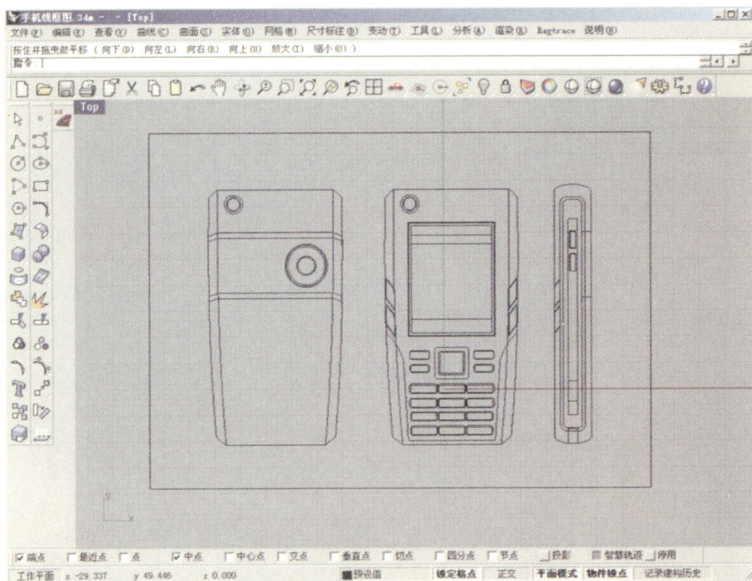

图4.2.1.1　犀牛软件绘制线框图界面

在犀牛软件里画线框图，并把所有的面的轮廓线组合封闭好，否则在CorelDRAW里将填充不上。如图4.2.1.2所示，线要想填充一个面，线条必须封闭。没有封闭的线框，只能改变线框的颜色，不能填充。

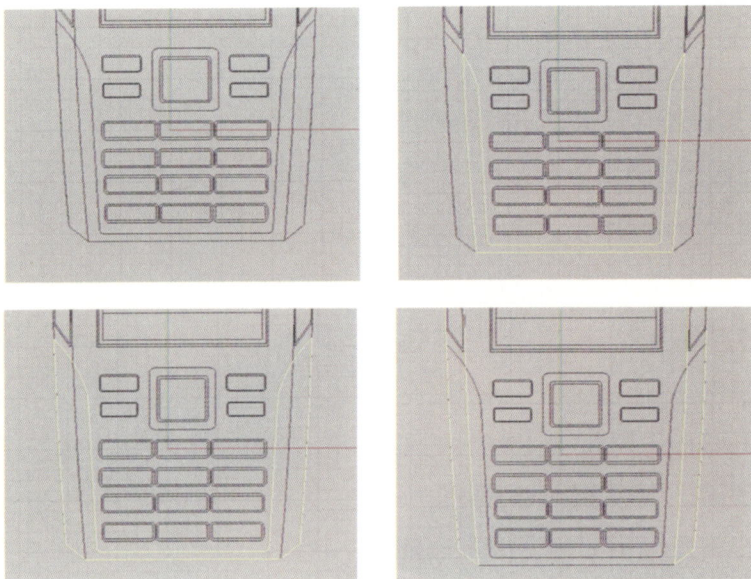

图4.2.1.2　局部线条要封闭

Step2:

通过另存为（Save as）Illustrator的AI格式，并将其命名为
"手机线框图"，如图4.2.1.3所示。

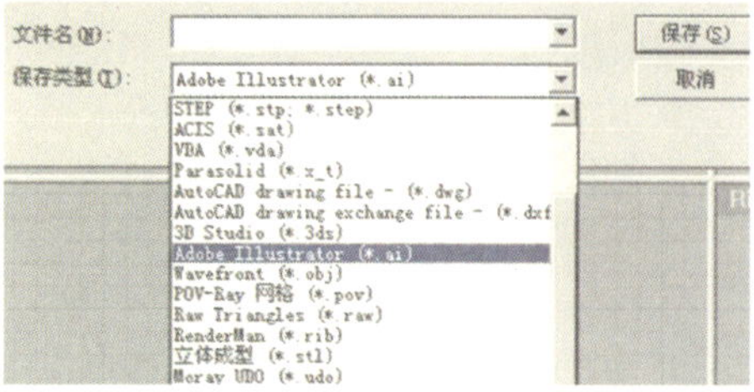

图4.2.1.3　存储格式

Step3:

将 "手机线框图"文件导入CorelDRAW，如图4.2.1.4所示。

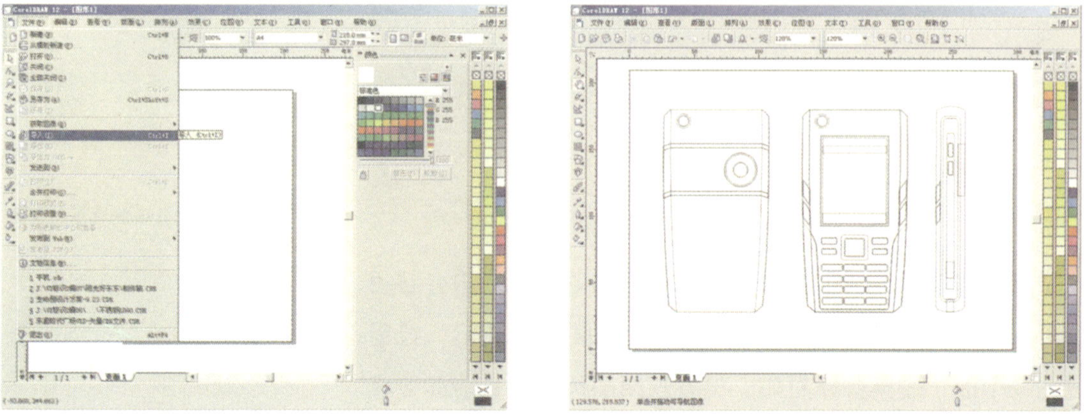

图4.2.1.4　导入线框图

4.2.2　绘制手机正视图的机身部分

Step1:

在制作效果之前，需要预先了解光影环境，对产品的明
暗关系有一个总体的把握。上色过程中应该从整体入手，就像
画素描一样，先铺大调子，然后再来刻画细节，这样的好处是
整体感更强，光线的方向更加清晰。手机的基本颜色是银白色
的，首先给主体填充浅灰色，选择需要填充的对象——手机的
机身，如图4.2.2.1所示，把机身的线框选中，调到最上面。在左
边的工具箱中单击 🔧 填充工具右下角的三角形，在弹出的工具
条中选择[填充]对话框，如图4.2.2.2所示，按快捷键Shift+F11也
可以打开该工具栏。设置颜色，如图4.2.2.3所示。机身填充效果
如图4.2.2.4所示。

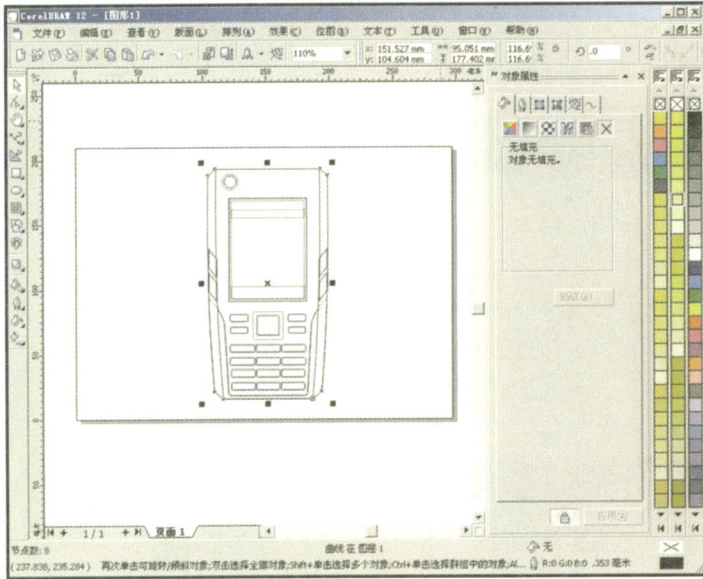

图4.2.2.1　选中机身

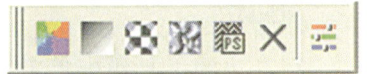

图4.2.2.2　填充工具框

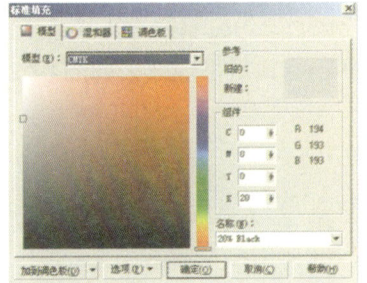

图4.2.2.3　设置颜色

Step2:

选中上一步填充的那个物体，选择交互式填充工具 ![icon]，按住鼠标左键不放，拉出渐变填充效果，效果如图4.2.2.5所示。

图4.2.2.4　机身填充效果

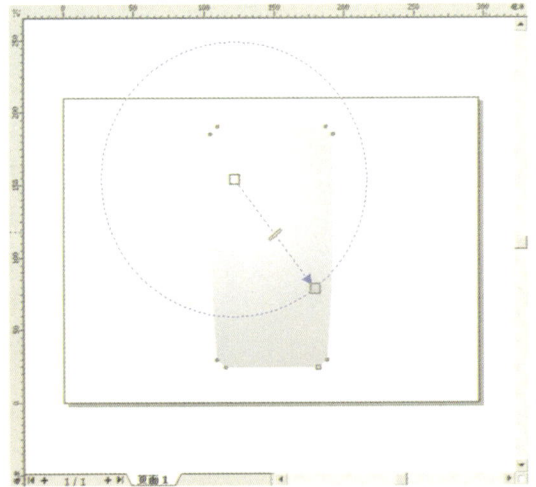

图4.2.2.5　渐变填充效果

Step3:

在属性栏中选择填充类型为[射线]，如图4.2.2.6所示。

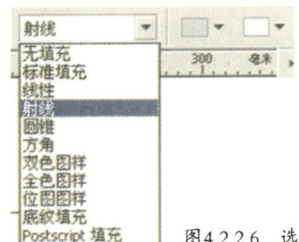

图4.2.2.6　选择射线

Step4:

在左边的工具箱中单击轮廓工具右下角的三角形，在弹出的工具条中选择 ✖ 无轮廓工具，去除该图形的边框，如图4.2.2.7所示。然后选中这个面，把它移到最后一层，如图4.2.2.8所示，最后呈现效果如图4.2.2.9所示。

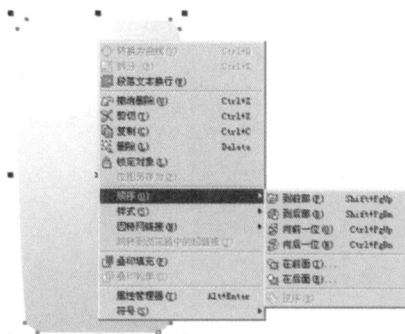

图4.2.2.7　去除边框　　　　　图4.2.2.8　把图层移至底层　　　　　图4.2.2.9　呈现效果

Step5:

选中手机两侧的线框，填充颜色，以同样的方法，利用交互式填充工具 🖌，根据素描关系，来处理明暗效果，然后去除该图形的边框。先把下面线框移到最后面，如图4.2.2.10所示。

图4.2.2.10　把线框移到后面

Step6:

为了使手机的正面更丰富，选择手机正面的内框，采用交互式透明工具 🏆，在正面加一个过渡面。为了不干扰视觉，先把不需要的线框移到最后面去。现在呈现手机机身的大体效果，如图4.2.2.11所示。图4.2.2.12是隐藏线框后手机主体正面的效果。

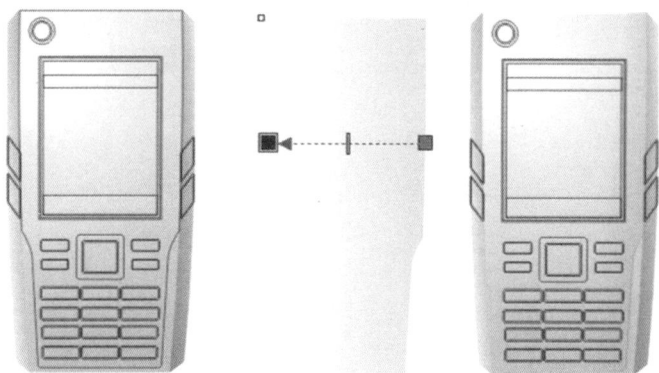

图4.2.2.11 机身的大体效果

图4.2.2.12 隐藏线框后主体正面效果

Step7:

手机机身的大体效果绘制好后，把这部分进行群组，并移动到最后面去，让其他的线框到前面来。下面来绘制机身下部，选中外面的外轮廓，根据光影明暗和色彩关系填充渐变。如图4.2.2.13所示。

Step8:

选中手机下侧的两个凹型线框，填充颜色，利用交互式填充工具 ，根据光影效果、结构特征及其本身的色彩填充上色。如图4.2.2.14/15/16/17所示。

图4.2.2.13 机身下部外轮廓绘制

图4.2.2.14 填充一　　　图4.2.2.15 填充二　　　图4.2.2.16 填充三　　　图4.2.2.17 填充四

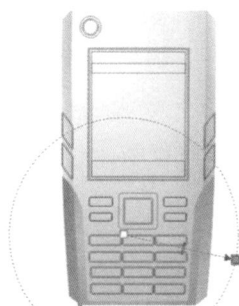

Step9:

以上步骤已把手机的大块面表现出来，但是下半部分的处理还缺少过渡，我们给它加个过渡面。先用 在面的转折处画一个过渡区，然后根据光影效果给它填一个色块。如图4.2.2.18/19/20所示。接下来选中这个色块并转化成位图，然后利用高斯模糊工具[位图＞模糊＞高斯模糊]，把这个色块进行模糊处理，使其自然过渡，如图4.2.2.21/22/23/24所示。图4.2.2.25为到目前步骤所呈现的效果图效果。

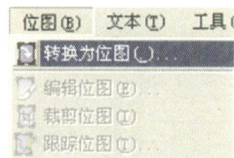

图4.2.2.21　转化成位图

  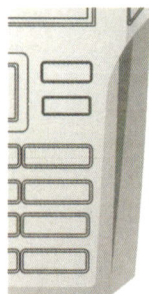

图4.2.2.18　　　　　图4.2.2.19　　　　　图4.2.2.20

图4.2.2.22　利用高斯模糊工具使其自然过渡

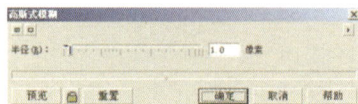

图4.2.2.23　调整模糊数值

图4.2.2.24　手机下部呈现效果

图4.2.2.25　手机主体呈现效果

4.2.3　绘制手机显示屏部分

Step1:

选择显示屏上的矩形轮廓，注意先选择里面的框，再选择外面的框，利用修整工具，[排列＞修整＞后剪前]，再利用填充工具，去掉轮廓线，得到如图4.2.3.1的框。

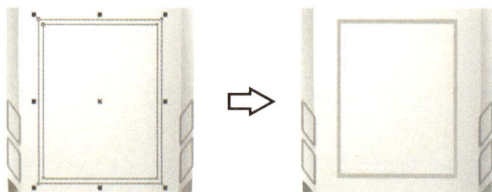

图4.2.3.1　选择显示屏轮廓并进行填充

Step2:

利用在框的上部和下部各画一个面，画出这个框厚度，如图4.2.3.2所示。然后给它填一个灰色的色块，再根据光影效果，利用交互式填充工具拉出一个理想的光影效果，如图4.2.3.3所示。

图4.2.3.2　画出框的厚度

Step3:

利用矩形工具 ，在CorelDRAW里画一个和刚才内框尺寸大小一致的矩形，制作一个手机的显示界面。也可以调入一张图片来做手机的界面，如图4.2.3.4所示。然后把这张界面拖进手机显示屏内框，对齐放正。

图4.2.3.3 制作光影效果

图4.2.3.4 调入图片并置入显示屏

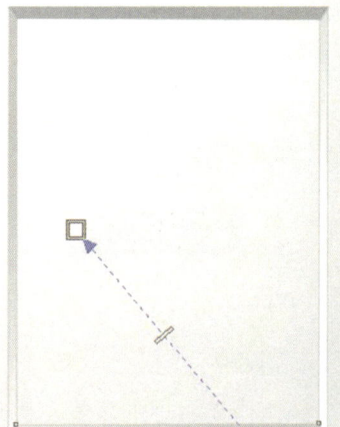

Step4:

制作显示屏幕内框的阴影。复制内框，按右键把颜色变成R：131、G：120、B：129；粗细改成0.15mm ，利用高斯模糊工具[位图＞模糊＞高斯模糊]，模糊半径设为0.8，如图4.2.3.5所示。

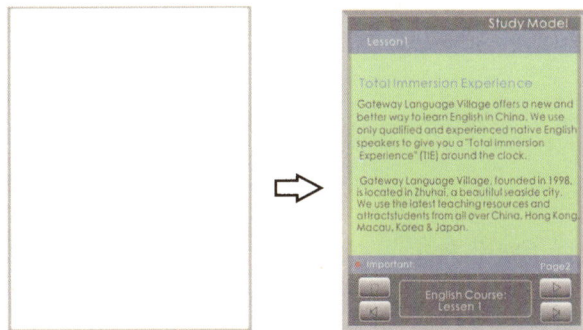

图4.2.3.5 制作显示屏内框阴影

Step5:

在显示屏的外框边缘处，用贝塞尔工具 加高光线。利用交互式透明工具 ，根据光影来调整高光的明暗。如图4.2.3.6/7所示。

图4.2.3.6

图4.2.3.7

Step6:

制作显示屏的反光，表现其质感。选择显示屏的内框，原地复制一份，填充为白色，运用修剪命令剪出合适的图形。选择交互式透明工具 ，调整透明度。如图4.2.3.8/9所示，其中图4.2.3.9为到目前这个步骤，所呈现的效果图效果。

图4.2.3.8 制作显示屏反光

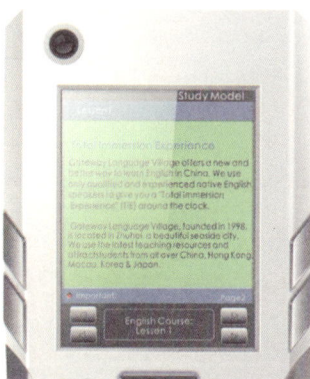

图4.2.3.9 目前步骤呈现效果

4.2.4 绘制手机控制键部分

Step1:

先绘制控制键外围部分，选择控制键上的矩形轮廓，先选择中间的框，再选择外面的框，利用修整工具，[排列＞修整＞后剪前] ，再利用填充工具 填充。如图4.2.4.1所示。

图4.2.4.1 填充控制键外轮廓

Step2:

选择贝塞尔工具 ✎ 绘制控制键的对角线，然后绘制需要的形状，利用修整工具，把控制键分成四个区。然后利用交互式填充工具 ✎，根据光影效果给周边四个面的按钮填充上色，如图4.2.4.2/3所示。

图4.2.4.2　控制键填充上色步骤

图4.2.4.3　填充上色及数值设置

Step3:

选择控制键中间的框，填充为浅灰色，R：170、G：169、B：169。然后右键点击色盘白色，绘制中键的高光，把轮廓填充为白色，并且粗细设置为0.1， ［.1 mm］。然后选中内框，填充为浅灰色，利用交互式填充工具 ✎，根据光影效果给中间的按钮填充上色。如图4.2.4.4所示。

图4.2.4.4　填充控制键中间色

Step4:

复制一个控制键最外面框，并且将其填充为蓝色R：54、G：99、B：148，利用高斯模糊工具[位图>模糊>高斯模糊]，模糊半径设为10。然后把它移到最后，置于整个控制键的底部。

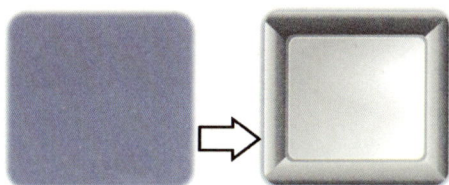

图4.2.4.5　设置光感效果

Step5:

制作按键上的小图标和字体，一个小细节也要体现光影和渐变，如图4.2.4.6所示。

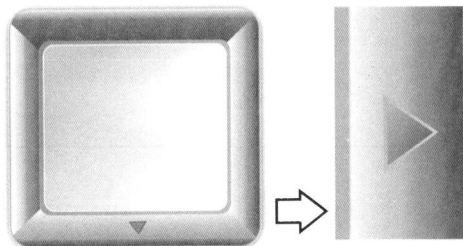

图4.2.4.6　制作按键上小图标

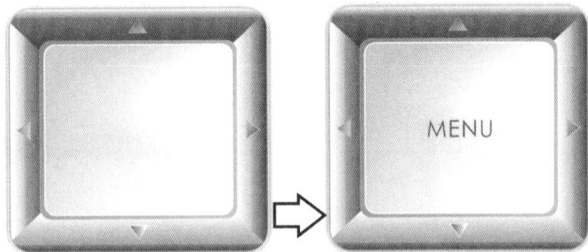

图4.2.4.7　制作按键上小图标与字体

4.2.5　绘制按键部分（一）

Step1:

根据以上介绍的方法，绘制按键的时候注意层次和厚度。从大处入手，最后在每个按键上贴字，要求字也要有明暗变化，如图4.2.5.1所示。

Step2:

在制作的过程中，首先制作一个，然后再复制到手机的按键区内。如图4.2.5.2所示。

4.2.6　绘制按键部分（二）

Step1:

根据以上介绍的方法，具体绘制按键的步骤如图4.2.6.1所示。

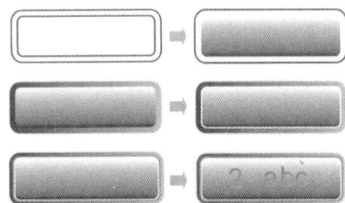

图4.2.5.1　制作按键明暗及贴字

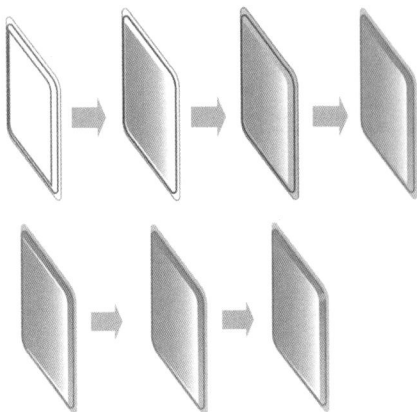

图4.2.5.2　制作按键可先做一个再复制

图4.2.6.1　制作按键步骤

Step2:

首先制作一个按键，然后再复制到手机的指定按键区内。放好位置后，再根据光影效果来调节明暗的效果，如图4.2.6.2所示。

图4.2.6.2　按键置入手机中后效果

4.2.7　绘制手机摄像头

Step1:

摄像头的线框调出，如图4.2.7.1所示，根据以上介绍的方法，绘制手机摄像头的时候注意摄像头的结构、层次和厚度，如图4.2.7.1所示。

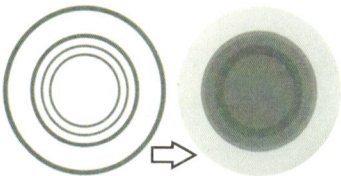

图4.2.7.1　绘制摄像头

Step2:

绘制透镜部分质感特别重要。首先选择选中摄像头的内框，将其填充为深灰色。利用交互式填充工具 ，做出一个渐变效果。如图4.2.7.2所示。

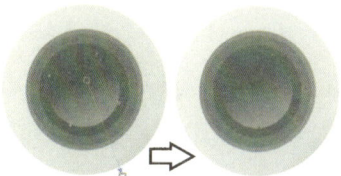

图4.2.7.2　绘制透镜部分

Step3:

选择透镜的内框，原地复制一份，填充为白色，运用修剪命令剪出合适的图形。选择交互式透明工具 ，调整透明度。如图4.2.7.3所示。

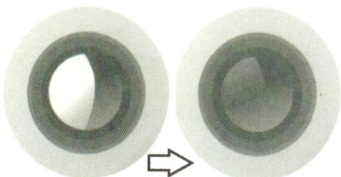

图4.2.7.3　绘制透镜光影

Step4:

将摄像头图形复制到手机的指定区域内，如图4.2.7.4所示。

最后再适当调整一下，至此，手机便使用CorelDRAW完成了制作，整体效果图如图4.2.7.5所示。

图4.2.7.4

图4.2.7.5　利用CorelDRAW完成的效果

第五章　Photoshop在产品二维设计效果图中的应用

5.1　Photoshop的基础知识

　　Adobe Photoshop是Adobe公司开发的一个位图处理软件，它在进行图片处理与修改上功能强大。它支持多种图像格式，可以进行多图层图像处理，可以利用滤镜功能制造多种艺术视觉效果。在产品设计中的二维设计表现方面，也是非常有用的助手。但绘制产品的轮廓是Photoshop的弱项，所以如果结合犀牛（Rhino）和Illustrator进行效果图的绘制，就比较理想了。[①]另外，由于Photoshop是位图处理软件，如果像素较低会使图片的显示效果变低，所以在绘制时，尽量把像素值设置得高些。

图5.1　Photoshop CS工作界面

---

① 神龙工作室. Photoshop CS2 中文版入门与提高. 北京：人民邮电出版社，2007.

5.1.1 对Adobe Photoshop CS工作界面的认识

图5.1.1是Adobe Photoshop CS默认状态下的工作界面，它是由菜单栏、属性栏、工具箱、图像窗口、状态栏、控制面板等组成。下面我们将对其工作界面进行详细介绍。

5.1.2 菜单栏

Photoshop CS中文版的菜单栏中共包括九个菜单，分别是文件、编辑、图像、图层、选择、滤镜、视图、窗口和帮助。使用这些菜单中的菜单项可以执行大部分的Photoshop操作，如图5.1.2所示。

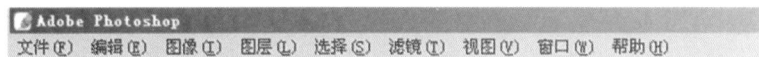

Adobe Photoshop

文件(F) 编辑(E) 图像(I) 图层(L) 选择(S) 滤镜(T) 视图(V) 窗口(W) 帮助(H)   图5.1.2

(1) 文件菜单：是所有与文件管理有关的基本操作命令的集合。利用文件菜单可以完成对图形文件的新建、打开、存储、导入、导出、打印等基本的操作。

(2) 编辑菜单：完成对对象的剪切、复制、粘贴、删除、叠印、全选、插入等基本的操作。

(3) 图像菜单：主要包括设置图像的模式、色彩及版面大小等命令。

(4) 图层菜单：是Photoshop处理图像的基本功能，它可以将复杂的图像简化处理，主要针对图层的基本操作。

(5) 选择菜单：主要包括一些对图像选择区域进行编辑的命令，有选择区域的添加和取消，使用颜色范围创建选区，还有选择区域的羽化、修改、加载和保存等。

(6) 滤镜菜单：使用滤镜菜单中的菜单项可以制作出丰富多彩的图像特殊效果。

(7) 视图菜单：主要用于设置颜色、窗口显示大小以及标尺、网格和参考线等。

(8) 窗口菜单：主要用于对打开的图像文件进行管理、设置工作区以及显示或隐藏软件提供的各种控制面板。

(9) 帮助菜单：主要用于查看软件的在线帮助，辅助用户学习本软件。

5.1.3 控制面板

控制面板是工作界面右侧的很多小窗口。它的功能很全面，主要用于配合图像的编辑，对操作进行控制和参数设置。在面板上单击鼠标右键，有时还可以打开一些快捷菜单进行操作。

Photoshop CS中文版在默认状态下，控制面板排放在工作窗口的右侧。使用这些控制面板能够完成对图层、通道、路径、动画等的操作。处理图像的时候，用户可以将控制面板放在不影响操作的地方，也可以在不需要时将它们关闭。

(1) 导航器面板

可以快速地显示图像的缩览图，便于用户控制图像的显示比例及迅速地移动图像的显示内容，如图5.1.3.1所示。

(2) 信息面板

该面板为用户提供鼠标指针所在位置的坐标值、所在位置的角度以及像素的色彩值。当用户对选区内或者图层中的图像进行旋转和变形时，还可以显示选区的大小和旋转角度等信息。此时使用（吸管）工具，则可显示精确的RGB或CMYK颜色值，如图5.1.3.2所示。

(3) 颜色面板

使用该面板可以准确地设置和选取颜色，如图5.1.3.3所示。

(4) 色板面板

用户可以方便地选择默认的颜色或保存自定义的颜色，如图5.1.3.4所示。

(5) 样式面板

该面板提供有预设的图层样式效果，在此面板中单击任何一个样式都可以为当前图层赋予样式所定义的效果。用户除了可以选择系统默认的这些图层样式类型之外，还可以保存自定义的样式，从而创建样式库，如图5.1.3.5所示。

(6) 历史记录面板

该面板可以观察到我们对图像操作的历史记录，并且可以恢复和撤销指定步骤的操作，还可以为指定的操作创建快照，如图5.1.3.6所示。

图5.1.3.1　导航器面板

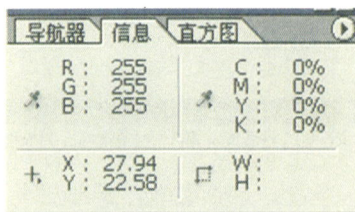

图5.1.3.2　信息面板

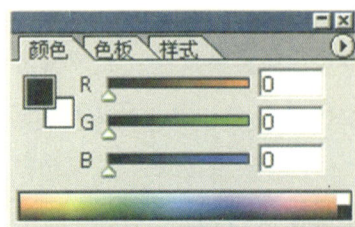

图5.1.3.3　颜色面板

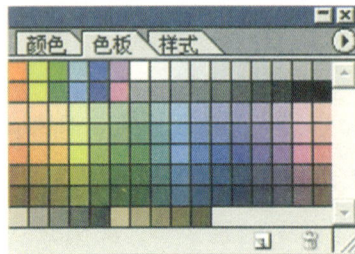

图5.1.3.4　色板面板

图5.1.3.5　样式面板

图5.1.3.6 历史记录面板

图5.1.3.7 动作面板

(7) 动作面板

该面板可以录制一连串的编辑操作，也可以选择保存、创建、编辑、删除等动作，如图5.1.3.7所示。

(8) 工具预设面板

该面板保存有所有系统默认的预设工具，用户也可以自定义设置修复画笔、磁性套索、裁切、油漆桶、画笔等工具的预设参数。要想取得这些工具的预设参数，只需单击该面板中要调用预设的工具图标，即可将工具的工具栏改变为此工具所保存的预设值。如图5.1.3.8所示。

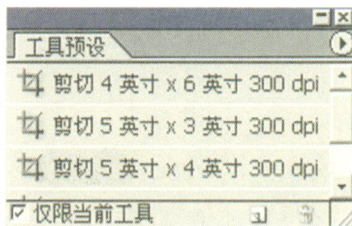

图5.1.3.8 工具预设面板

(9) 图层面板

此面板可显示各个图层的信息和所有的图层控制功能。如图5.1.3.9所示。

(10) 通道面板

该面板将图像分成不同的颜色通道来保存图像的颜色信息，也保存选择区域信息，如图5.1.3.10所示。

(11) 路径面板

使用钢笔工具可以建立矢量式的蒙版路径。在路径面板中可以进行将路径转换为选区状态的操作，也可以进行删除路径、保存路径和复制路径等操作，如图5.1.3.11所示。

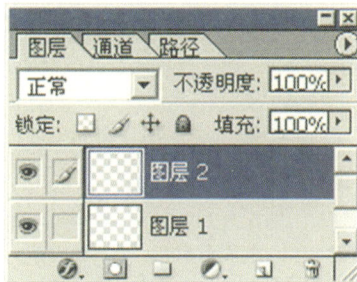

图5.1.3.9 图层面板

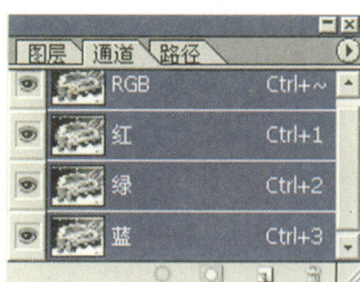

图5.1.3.10 通道面板

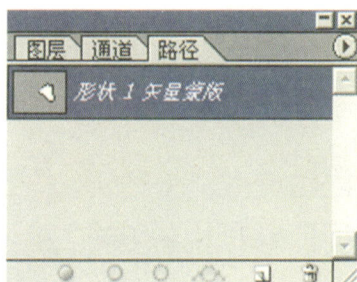

图5.1.3.11 路径面板

(12) 画笔面板

在该面板中可以选取各种不同型号绘图工具的画笔大小、形状等参数，如图5.1.3.12所示。

(13) 字符面板

用于控制文字的字符格式，如图5.1.3.13所示。

(14) 段落面板

用于控制文字的段落格式，如图5.1.3.14所示。

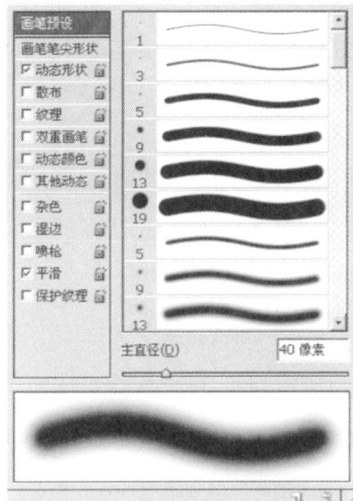

图5.1.3.12　画笔面板

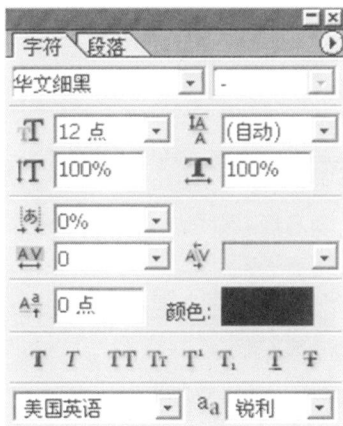

图5.1.3.13　字符面板

图5.1.3.14　段落面板

5.1.4　状态栏

状态栏位于每个图像窗口的最下方，显示当前图像处理的相关信息以及一些操作的提示语句。由显示比例、文件信息和提示信息三部分组成。如图5.1.4所示。

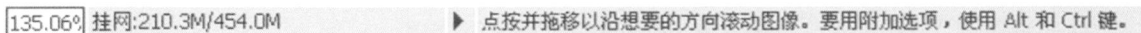

图5.1.4　状态栏

5.1.5　工具属性栏

工具属性栏用于设置工具箱中各个工具的参数。不同的工具所对应的工具栏的参数设置是不相同的。例如魔棒工具和画笔工具的工具栏如图5.1.5.1、图5.1.5.2所示。

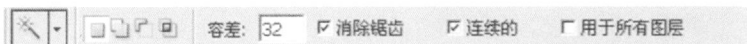

图5.1.5.1　魔棒工具栏

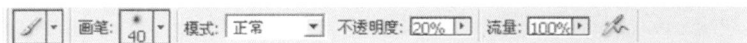

图5.1.5.2　画笔工具栏

5.1.6 工具箱

工具栏中列出了Photoshop常用的工具，工具按钮图标右下角有小三角标志的表示该工具的下方隐藏着一个工具组。只要在其图标上单击鼠标右键或者按下左键不放，就可以显示出该工具组中的所有工具，如图5.1.6所示。

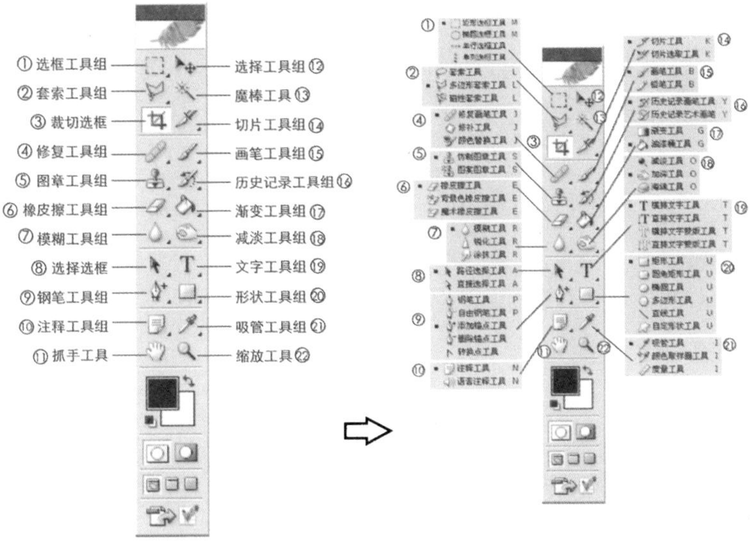

图5.1.6 工具箱各工具名称及其工具组名称

这些工具主要归为21类，分别是选框工作组、套索工具组、修复工具组、图章工具组、橡皮擦工具组、模糊工具、选择工具组、钢笔工具组、注释工具组、抓手工具、移动工具、魔棒工具、切片工具组、画笔工具组、历史记录工具组、渐变工具组、减淡工具组、文字工具组、形状工具组、吸管工具组和缩放工具。

(1) 选框工作组

a. 矩形选框工具 ▢：用于建立矩形和正方形选区。

b. 椭圆选框工具 ◯：用于建立椭圆形和圆形选区。

c. 单行选框工具 ▤ 和单列选框工具 ▥：用于建立单行和单列选区。

(2) 套索工具组

a. 套索工具 ◌：建立任意不规则形状的选区。

b. 多边形套索工具 ：建立多边形选区。

c. 磁性套索工具 ：选取图像中不规则形状的图形。

(3) 裁切工具：用于裁切图像。

(4) 修复工具组

a. 修复画笔工具 ：可用于校正瑕疵，使它们消失在周围的图像中。

b. 修补工具 ：消除图像中的蒙尘、划痕和瑕疵等。

c. 红眼工具 ：消除图像中人物的红眼。

(5) 图章工具组

a. 仿制图章工具 ：使用原图像的副本绘制图像。

b. 图案图章工具 ：使用选取的图案绘制图像。

(6) 橡皮擦工具组

a. 橡皮擦工具 ：擦除图像。

b. 背景橡皮擦工具 ：擦除背景色范围的图像。

c. 魔术橡皮擦工具 ：擦除指定颜色范围的图像。

(7) 模糊工具组

a. 模糊工具 ：模糊图像。

b. 锐化工具 ：锐化图像。

c. 涂抹工具 ：以涂抹的方式修饰图像。

(8) 选择工具组

a. 路径选择工具 ：选择整条路径。

b. 直接选择工具 ：选中路径中的锚点。

(9) 钢笔工具组

a. 钢笔工具 ：通过确定一系列锚点绘制路径。

b. 自由钢笔工具 ：沿鼠标拖动的路线绘制路径。

c. 添加锚点工具 ：在路径中添加锚点。

d. 删除锚点工具 ：删除路径中的锚点。

e. 转换点工具 ▶：转换曲线锚点和直线锚点。

(10) 注释工具组

a. 注释工具 📝：添加文字注释。

b. 语音注释工具 🔊：添加语音注释。

(11) 抓手工具 ✋：移动图像窗口中显示的图像范围。

(12) 移动工具 ➤✛：移动选区、图层和参考线。

(13) 魔棒工具 ✳：选取图像中颜色相同或者相近的范围。

(14) 切片工具组

a. 切片工具 ✄：将图像分割为多个矩形区域。

b. 切片选择工具 ✄：选取使用切片工具分割出的图像区域。

(15) 画笔工具组

a. 画笔工具 ✏：绘制线条或者图形（边缘较软）。

b. 铅笔工具 ✏：绘制线条或者图形（边缘较硬）。

(16) 历史记录工具组

a. 历史记录画笔工具 ✒：恢复图像至某一状态。

b. 历史记录艺术画笔工具 ✒：以艺术的方式恢复图像。

(17) 渐变工具组

a. 渐变工具 ▭：填充渐变颜色。

b. 油漆桶工具 ◇：填充颜色。

(18) 减淡工具组

a. 减淡工具 🔍：增大图像的曝光度，使图像变亮。

b. 加深工具 ✋：减小图像的曝光度，使图像变暗。

c. 海绵工具 ◯：调整图像的饱和度。

(19) 文字工具组

a. 横排文字工具 T：创建横排文字。

b. 直排文字工具 ┃T：创建直排文字。

c. 横排文字蒙版工具 ■：创建横排文字选区。

d. 直排文字蒙版工具 ■：创建直排文字选区。

(20) 形状工具组

a. 矩形工具 ■：绘制矩形。

b. 圆角矩形工具 ■：绘制圆角矩形。

c. 椭圆工具 ○：绘制圆形和椭圆形。

d. 多边形工具 ○：绘制多边形。

e. 直线工具 ＼：绘制直线。

f. 自定形状工具 ■：绘制自定义形状。

(21) 吸管工具组

a. 吸管工具 ✎：吸取颜色。

b. 颜色取样器工具 ✎：取样颜色。

c. 度量工具 ✎：测量图像中两点之间的距离。

(22) 缩放工具 ○：缩放图像窗口中图像的显示比例。

5.1.7 颜色的填充和渐变

在绘制产品二维效果图时，Photoshop里有一个工具非常重要，那就是颜色的填充和渐变，如图5.1.7.1所示。对选区或者图像填充颜色或描边，还可以选择编辑菜单中的填充或描边菜单项，如图5.1.7.2所示。

渐变工具 ■ 在制作二维效果图时可以模拟照片的光线和质感，达到比较真实的效果。它可以创建多种颜色间的逐渐混合过渡效果。用户可以从预设渐变填充中选取或自己创建渐变效果应用到图像中。选择渐变工具的快捷键是G。如果要在渐变工具 ■ 和油漆桶 ○ 工具之间切换，按下快捷键Shift+G即可。

5.1.7.1 渐变工具属性栏

单击渐变预览条可以打开渐变编辑器，单击预览条右边的 ■，按钮可以打开渐变色器面板，如图5.1.7.1.1所示。

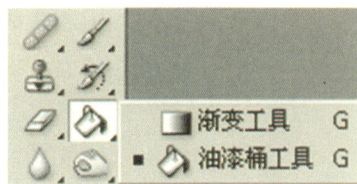

图5.1.7.1　颜色填充

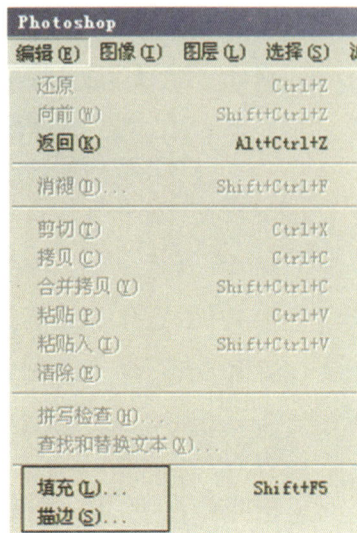

图5.1.7.2　编辑菜单中的填充和描边

图5.1.7.1.1 渐变预览条

选择渐变工具 ，然后单击工具属性栏上的渐变预览条
 就可以打开渐变编辑器对话框,如图5.1.7.1.2所示。

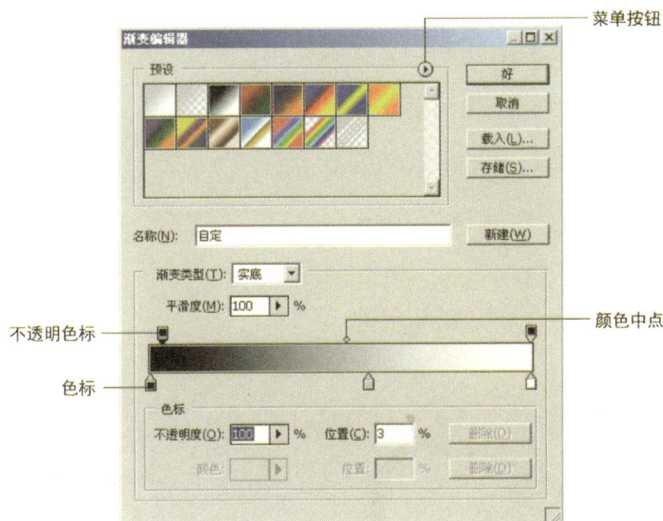

图5.1.7.1.2 渐变编辑器

5.1.7.2 渐变类型

在工具属性栏中提供有五种渐变类型。

(1) 线性渐变按钮：单击此按钮,然后在选区中单击并
拖动鼠标拉出一条直线,渐变色将鼠标光标起点到终点填充,
并产生直线渐变效果。

(2) 径向渐变按钮：在选区中单击并拖动鼠标拉出一条
直线,渐变色将会以拉线的起点为圆心、拉线的长度为半径进
行环形填充,产生出圆形的渐变效果。

(3) 角度渐变按钮：在选区中单击并拖动鼠标拉出一条
直线,标拉出一条直线,渐变色将会以拉线的起点为顶点、以
拉线为轴围绕拉线起点顺时针旋转360° 进行环形填充,产生
出锥形渐变的效果。

(4) 对称渐变按钮：在选区中单击并拖动鼠标拉出一条

直线，将会自拉线的起点到终点进行直线填充，并且以拉线方向的垂线为对称轴，产生出两边对称的渐变效果。

(5) 菱形渐变按钮■：在图像中单击并拖动鼠标，渐变色将以拉线的起点为中心、终点为菱形的一个角，以菱形的效果向外扩散。

5.2 用Photoshop绘制电熨斗效果图的实例

在产品设计二维设计阶段，Photoshop可充分表现产品的质感和真实感，并可以进行多图层图像处理，便于控制和修改，尤其是指它与犀牛（Rhino）和Illustrator软件结合起来，效果图绘制将变得非常简便。用Photoshop进行工业设计表现时，需要善于利用Photoshop中的画笔、橡皮和渐变工具。

下面将开始绘制电熨斗效果图。图5.2是一张电熨斗的照片，供我们绘图参照。

图5.2　电熨斗的照片

5.2.1　绘制电熨斗机身部分

Step1:

线框图在这里仍统一选择在犀牛软件（Rhino）里绘制。然后可以通过另存为（Save as）Illustrator的AI格式，并将其命名为"电熨斗线框图"。用Illustrator打开此文件调整成适合A4纸横构图大小的图。然后另存为（Save as）PDF格式，再导入Photoshop软件，分辨率设为300dpi。如图5.2.1.1所示。

图5.2.1.1 电熨斗线框图

注：以下图蓝点表示正在进行制作的内容。

Step2:

选择魔棒工具 ，点击下图所呈现虚线的区域。如图5.2.1.2所示。然后选择[选择>修改>扩展]，扩展量设为4。如图5.2.1.3所示。

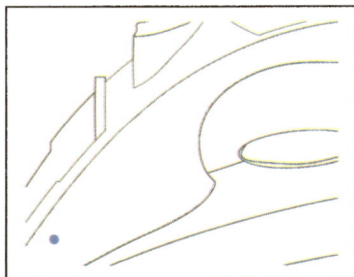

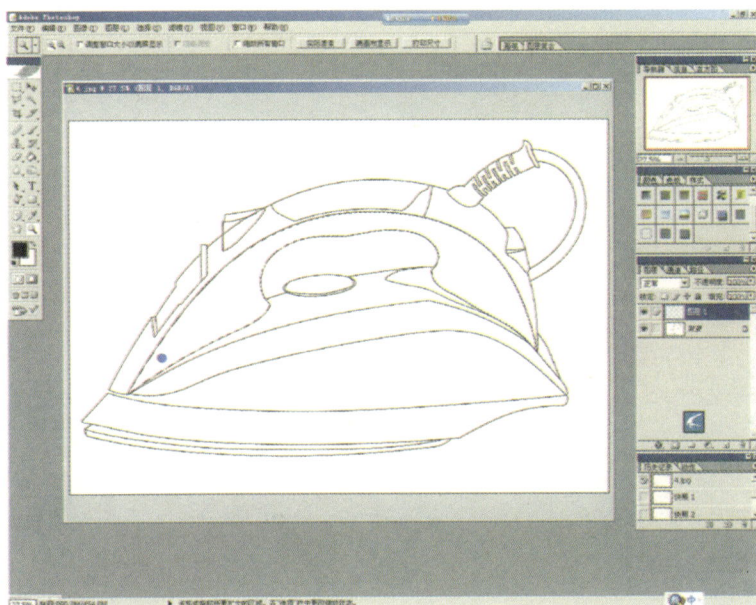

图5.2.1.2 选取虚线部分

图5.2.1.3 对选取部分扩展

再新建图层，命名为"图层把手下部分"选择画笔工具 ![画笔图标]，在属性栏里画笔大小调整为343，硬度调整为11%，不透明度调整为60%，流量调整为100%。如图5.2.1.4所示。

图5.2.1.4 新建图层设置把手下部分各项数值

再根据参考图明暗光影效果来调整画笔的粗细和透明度。通常把硬度调得小一点。为了得到柔和渐变的效果,可以用加深 ![加深工具图标] 和减淡 ![减淡工具图标] 工具来调节明暗。绘制效果如图5.2.1.5所示。

为了使图层更有立体感，双击"图层把手下部分"，会跳出"图层样式"对话框，勾选"斜面和浮雕"，并选择"等高线"，然后点击"好"，如图5.2.1.6所示。制作效果如图5.2.1.7所示。

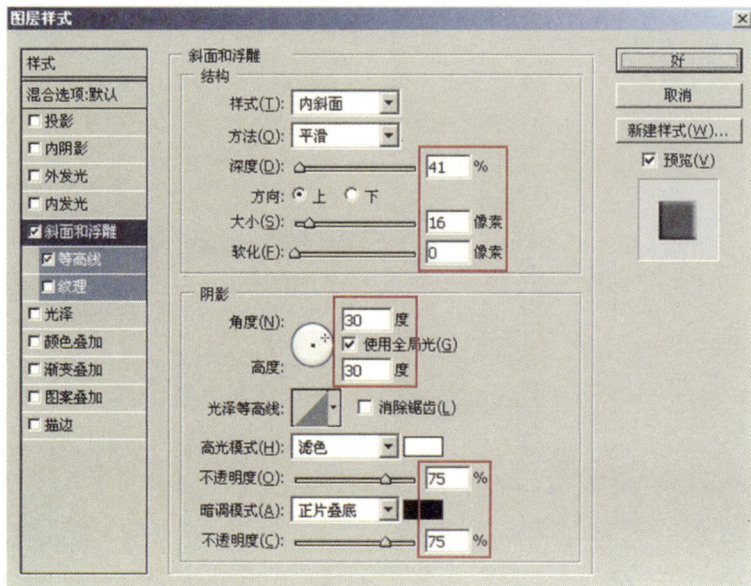

图5.2.1.5 把手下部分图层调节明暗

图5.2.1.6 选择斜面和浮雕中等高线

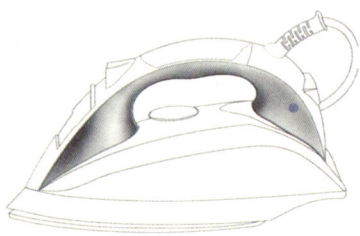

图5.2.1.7 效果图

Step3:

用魔棒选中图层1电熨斗下部分中顶部要填充的区域，新建图层，这时为了把黑色的轮廓线覆盖掉，选择范围扩展[选择>修改>扩展]，扩展像素为5。如图5.2.1.8所示。然后填充渐变 ,并用加深 和减淡 工具，结合画笔的大小和软硬度来调整光影效果。如图5.2.1.9所示。

图5.2.1.8　选择要填充的区域

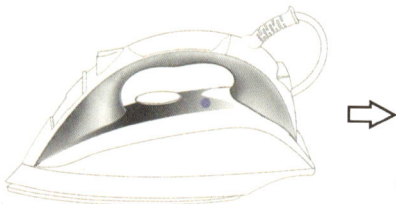

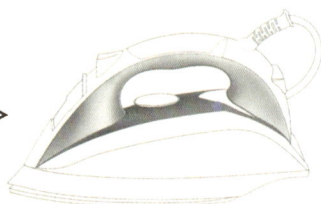

图5.2.1.9　填充渐变并用加深和减淡效果调整光效

Step4:

用同样的方法画出下面一个色块。调整属性栏中的渐变属性和渐变编辑器，如图5.2.1.10/11所示，效果如图5.2.1.12所示。

图5.2.1.10　调整渐变属性

图5.2.1.11　调整渐变编辑器　　图5.2.1.12　效果图

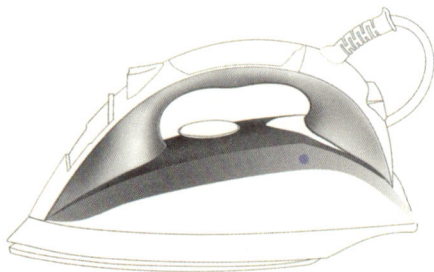

然后可以用加深 和减淡 工具，结合画笔的大小和软硬度来调整光影效果。如图5.2.1.13所示。

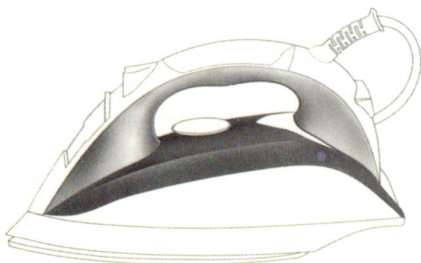

图5.2.1.13　调整光影效果

Step5:

用Step4同样的方法，新建图层，根据光影效果，画出下图蓝色的圆点示意范围,效果如图5.2.1.14所示。

Step6:

绘制电熨斗下面底部。返回图层1用魔棒选中所需要选择的区域。新建图层，选择范围扩展[选择>修改>扩展]，扩展像素为4。如图5.2.1.15所示。

然后用渐变工具进行填充，并根据参考图片的光影效果来进行渐变滑杆调节,如图5.2.1.16所示。此后再双击当前图层，加"斜面和浮雕"效果，效果如图5.2.1.17所示。

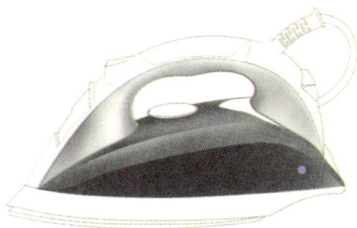

图5.2.1.14　画出其他部分效果

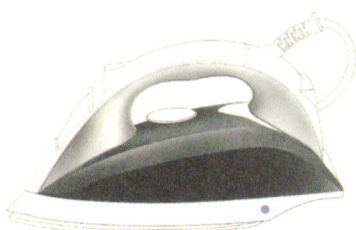

图5.2.1.15　选中图像底部

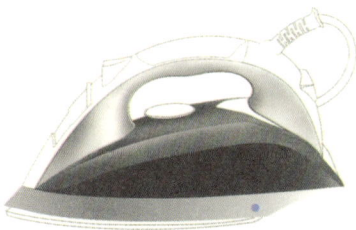

图5.2.1.16　用渐变工具填充，调节光影效果

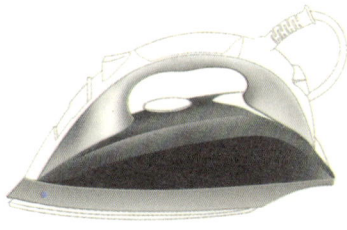

图5.2.1.17　增加斜面和浮雕效果

Step7:

为了使电熨斗下面部分的形态更加符合参照图中凹陷的效果，如图5.2.1.18所示。我们新建一个图层，选择钢笔工具，沿着产品凹陷的形态，画一条弧形路径，如图5.2.1.19所示。然后点击画笔工具，设置画笔大小，选择描边，如图5.2.1.20所示，颜色设为R:84 G:84 B:84，描边画笔的具体参数如图5.2.1.21/22所示。描边效果参照图5.2.1.23所示。

图5.2.1.18　参考图

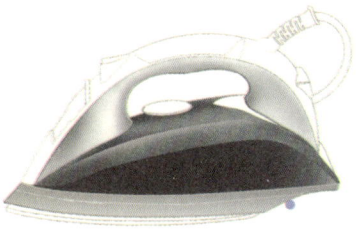

图5.2.1.19　用钢笔工具画一条弧形路径

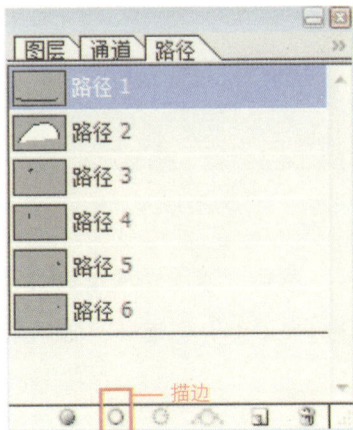

图5.2.1.20　选择描边工具

图5.2.1.21　调整画笔参数

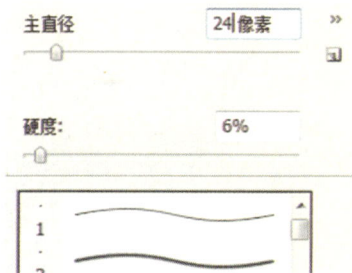

图5.2.1.22　调整画笔参数

图5.2.1.23　此步效果图

图5.2.1.24　利用高斯模糊工具

然后选择[滤镜>模糊>高斯模糊]命令，高斯模糊半径设为40。模糊后的效果，如图5.2.1.24所示。

Step8：

用渐变填充的方法，把电熨斗底部填充上。效果如图5.2.1.25所示。

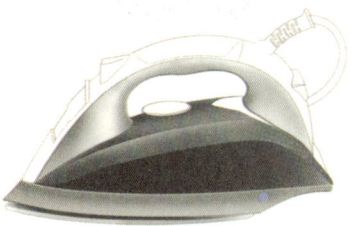

图5.2.1.25　填充底部

5.2.2　制作电熨斗把手部分

Step1：

制作电熨斗把手部分，此部分要当作一个整体来处理。首先，新建图层命名为"电熨斗把手背部"，选择钢笔工具 沿着电熨斗把手的背部结构趋势画路径，路径如图5.2.2.1所示。为了保存路径，用鼠标把路径拖到"路径控制面板"里的创建新路径按钮处，储存路径。

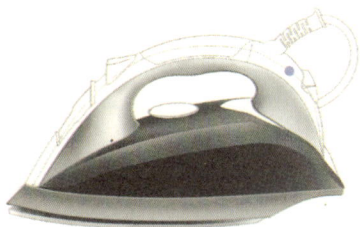

图5.2.2.1　画把手背部路径

然后选择画笔 描边，并用加深 和减淡 工具，结合画笔的大小和软硬度来调整光影效果。画笔具体参数如图5.2.2.2所示。描边后的效果如图5.2.2.3所示。

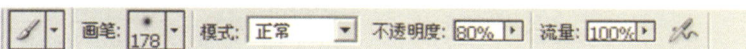

图5.2.2.2　画笔具体参数

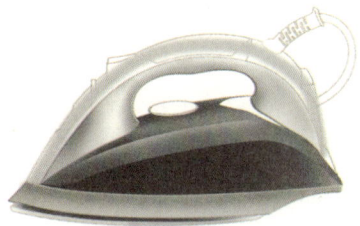

图5.2.2.3　描边后的效果图

Step2：

返回图层1，利用魔棒 ，选择电熨斗把手背部需要填充的部分，把其当作一个整体来处理。选择范围扩展[选择>修改>扩展]，收缩像素为3。注意，要根据实际情况来调整收缩和扩展的像素。选择范围如图5.2.2.4所示。

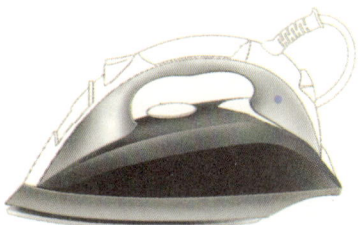

图5.2.2.4　用魔棒选择需要填充的部分

返回图层"电熨斗把手背部",如图5.2.2.5所示。按右键,选择反选,如图5.2.2.6所示。然后按键盘"Delete"键删除。效果如图5.2.2.7所示。

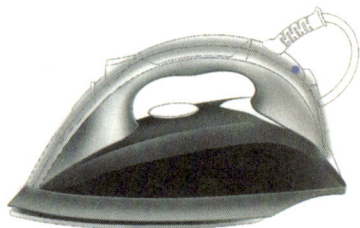

图5.2.2.5 电熨斗把手背部图层

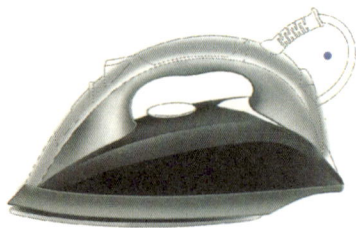

图5.2.2.6 反选背部图层

图5.2.2.7 删除反选部分

Step3:

根据上面的路径画出电熨斗把手的核心区。以同样的方式用黑色来填充。效果如图5.2.2.8所示。

Step4:

以同样的描边方法,画出把手抓手部分的细节,如图5.2.2.9所示。

Step5:

新建图层,选择椭圆选框工具,如图5.2.2.10,按Shift键画正圆选区,然后选择渐变填充工具 的径向渐变工具 填充,制作把手上的磨砂颗粒。然后根据把手的形态结构复制排列,效果如图5.2.2.11所示。

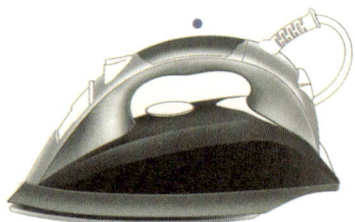

图5.2.2.8 以同样的方式用黑色填充

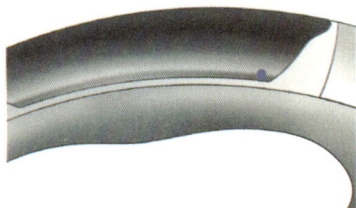

图5.2.2.9 画出把手部分的细节

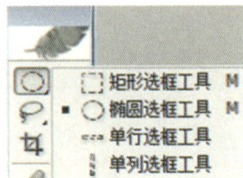

图5.2.2.10 选取椭圆选框工具

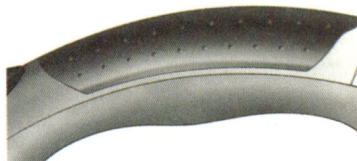

图5.2.2.11 制作磨砂颗粒

5.2.3 电线尾部绘制

Step1:

首先新建图层"电线尾部",运用钢笔工具根据结构画路径，如图5.2.3.1的第2幅图所示。然后对其描边，画笔改为100，不透明度调为50%，绘制效果如图5.2.3.1的第3幅图所示。

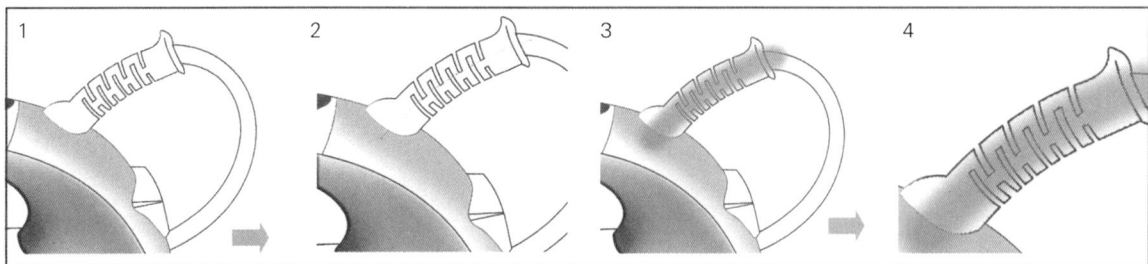

图5.2.3.1　绘制电线尾部

Step2：

返回图层1，利用魔棒，选择电熨斗电线尾部区域，选择范围扩展[选择>修改>扩展]，扩展像素为4。返回图层，选择反选，把不需要的部分删去。如图5.2.3.2所示。然后鼠标左键双击图层"电线尾部"，对其添加"斜面和浮雕"效果，调节参数。

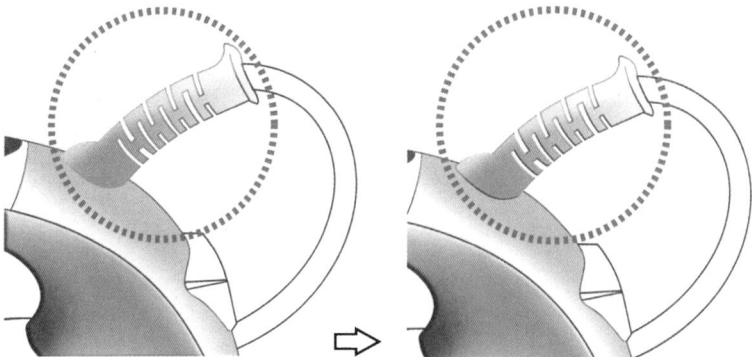

图5.2.3.2　利用扩展工具对尾部进行参数设置并添加斜面和浮雕效果

Step3：

为了增加电线尾部的圆柱体效果，需要再加一层，用上一步画的这个路径，把画笔的大小调到70，透明度调为70%，再进行一次描边。

Step4：

选择[滤镜>模糊>高斯模糊]虚化，模糊半径设为21.1。然后用上面的方法把多余的部分删除，如图5.2.3.3所示。然后根据上一步的方法，把不需要的部分删去。得到的效果如图5.2.3.4所示。隐藏线框图，得到效果如图5.2.3.5所示。

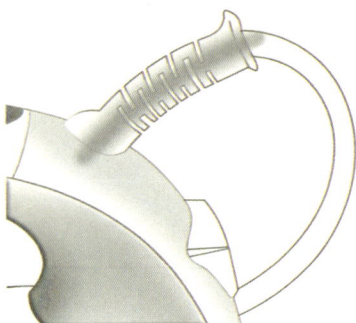

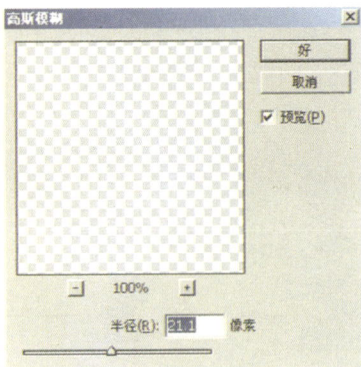

图5.2.3.3　利用高斯模糊工具设置电线尾部

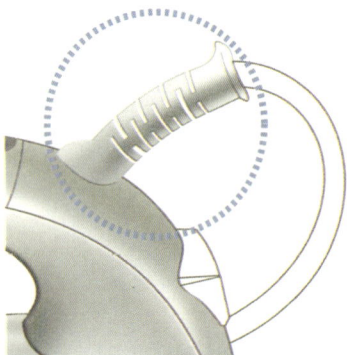

图5.2.3.4　删除多余部分后效果

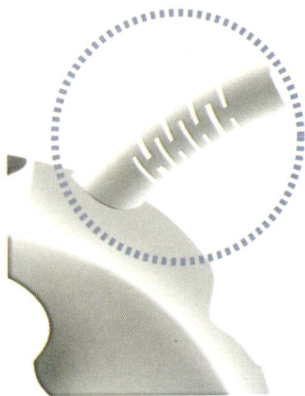

图5.2.3.5　隐藏线框后效果

Step5:

画电线部分，选择画笔工具，画笔尺寸调到合适的大小，颜色调整为深灰色，然后可以用加深和减淡工具来调整明暗。注意要把电线部分圆柱形的感觉绘制出来。如图5.2.3.6所示。

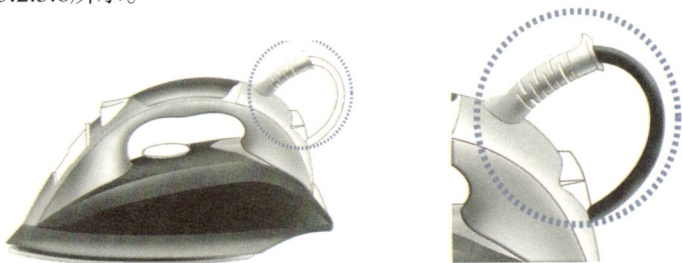

图5.2.3.6　绘制电线部分

5.2.4　电熨斗前按键绘制

按照同样的方法，下面来完成电熨斗前按键、后小按键、把手前滑键的制作。

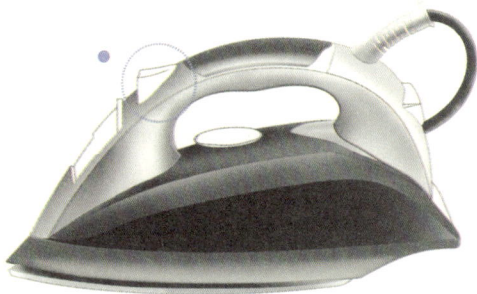

图5.2.4.1 电熨斗前按键绘制

图5.2.4.2中的七幅小图是按步骤的绘制顺序。基本的步骤是选择填充选区，扩展选区，渐变填充，绘制高光区，高光区高斯模糊。

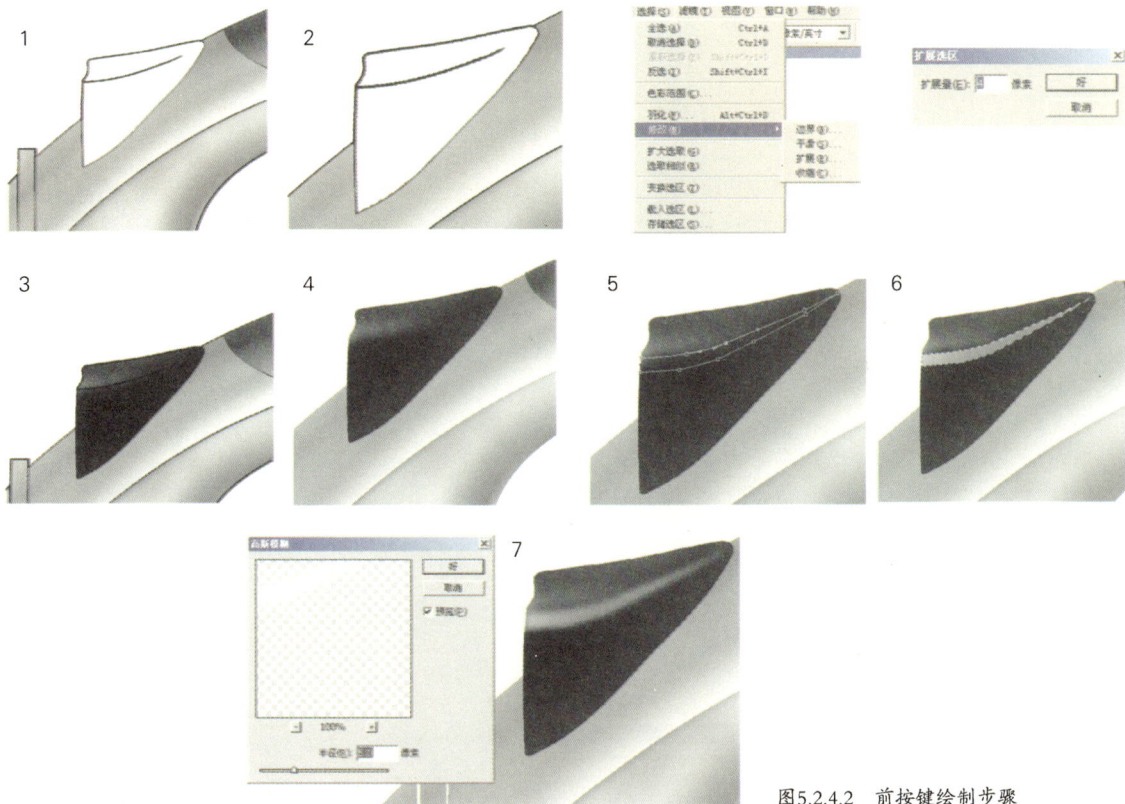

图5.2.4.2 前按键绘制步骤

5.2.5 绘制电熨斗后小按键

Step1:

返回图层1：用魔棒选择要填充的区域，选择上面这个面，并且把选择范围扩展[选择>修改>扩展]，扩展像素为4。新建图层，填充渐变▭。如图5.2.5.1/2所示。

图5.2.5.1 选择区域

图5.2.5.2 填充区域

Step2:

根据以上方法画其他两个面, 如图5.2.5.3所示。

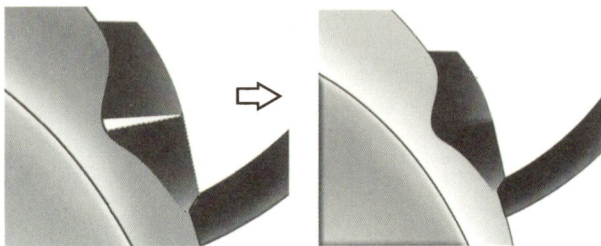

图5.2.5.3 绘制其他面

Step3:

新建图层, 用钢笔工具 画轮廓, 画出小按键的高光区域, 填充白色, 并选择高斯模糊工具进行柔化处理, 模糊半径选为5.0, 如图5.2.5.4所示。这样电熨斗后的小按键就绘制好了, 效果如图5.2.5.5所示。

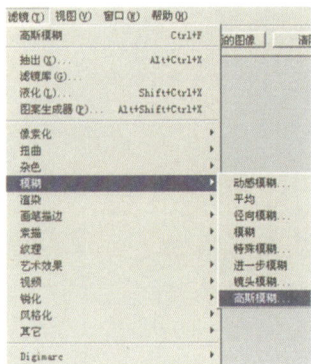

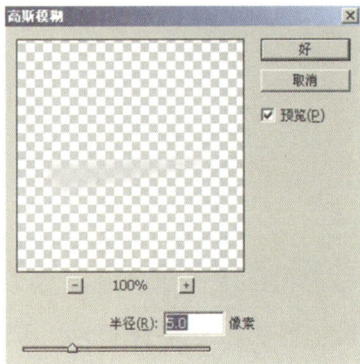

图5.2.5.4 利用高斯模糊工具进行柔化处理

图5.2.5.5 绘制完成后的效果

5.2.6 绘制电熨斗把手前滑键

图5.2.6.1 中的蓝色圈部分是把手前滑键的区域，下面将对其进行绘制。

运用5.2.2章节中Step 1中所使用过的路径，绘制把手前滑键的键体部分，如图5.2.6.2所示。然后删除键体以外的其余部分，如图5.2.6.3第一幅图所示。

图5.2.6.3 是绘制电熨斗把手前滑键的步骤，绘制好的效果如图5.2.6.4所示。

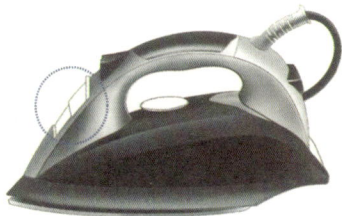

图5.2.6.1 把手前滑键位置

图5.2.6.2 利用路径工具绘制前滑键键体部分

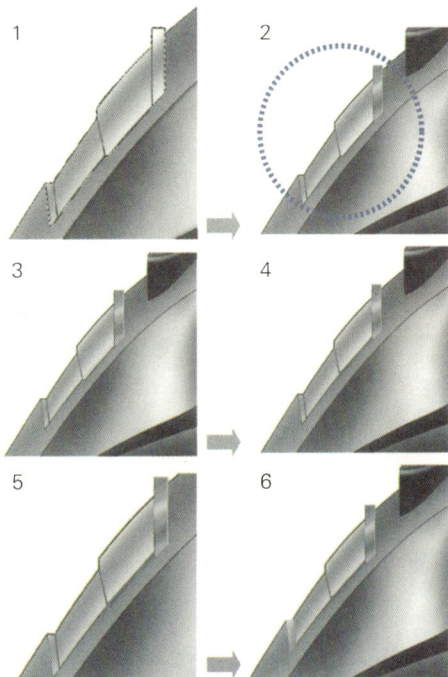

图5.2.6.3 前滑键绘制步骤

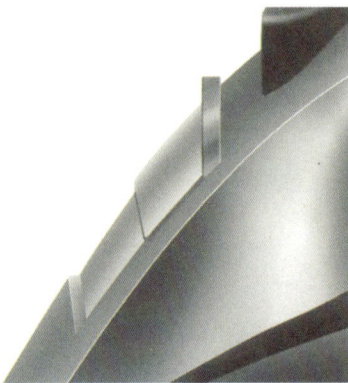

图5.2.6.4 完成的效果图

5.2.7 绘制电熨斗旋转键

图5.2.7.1 中的蓝色圈内示意图是我们所要绘制的电熨斗旋转键部分。

Step1:

首先返回图层1，用魔棒选中电熨斗旋转键顶面盖子部分，选区扩展设置为4，选择画笔工具，把画笔尺寸设置为100，硬度设置为10%，不透明度设置为50%，新建图层来填充电熨斗旋转键顶面盖子部分。如图5.2.7.2所示。

图5.2.7.1 旋转键区域

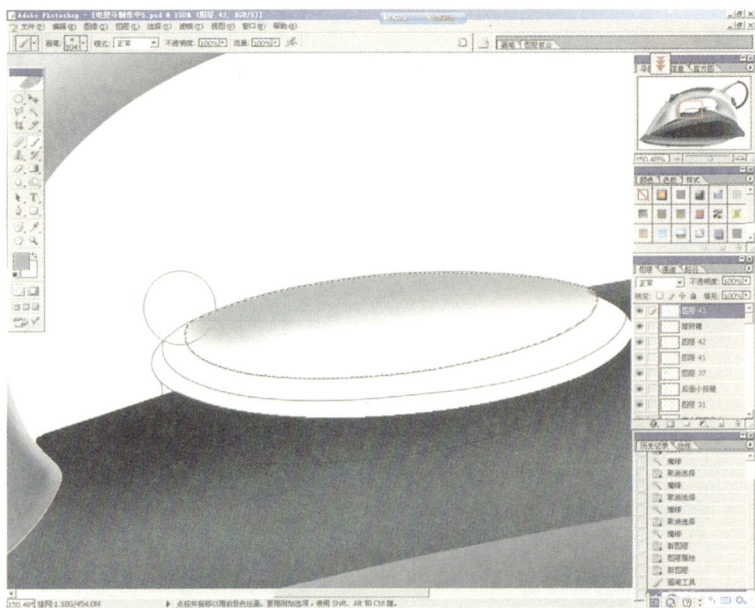

图5.2.7.2 选取顶面盖子部分并进行填充

Step2:

以同样的方法，调节颜色、硬度和不透明度绘制电熨斗旋转键的其他部分，如图5.2.7.3所示。

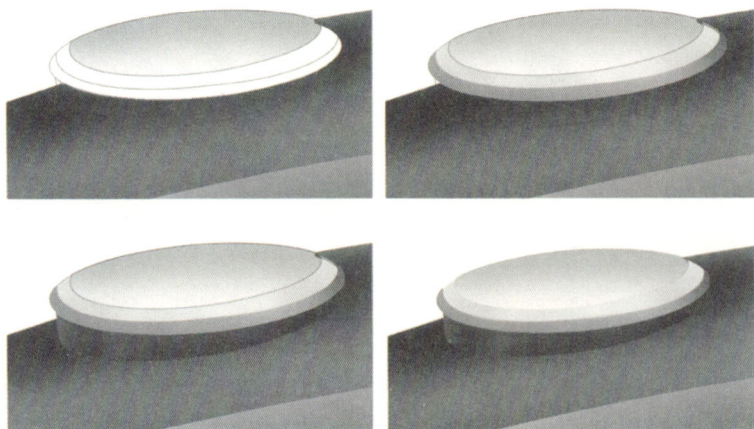

图5.2.7.3 以同样的方法绘制旋转键其他部分

Step3:

用钢笔工具画路径并加高光，如图5.2.7.4所示。调整画笔大小，描边，具体数值参见图5.2.7.5所示。再用高斯模糊工具进行柔化处理，模糊半径设置为1.0。

图5.2.7.4 用钢笔工具画路径并加高光

图5.2.7.5 调整画笔大小并进行柔化处理

5.2.8 高光处理示例

Step1:

用钢笔工具 勾画出高光的区域，如图5.2.8.1所示。

Step2:

按右键建立选区，新建图层，选择渐变工具 填充，如图5.2.8.2所示。

Step3:

为了表现机器表面圆润的转角效果，我们对上一步所填充的图层进行高斯模糊虚化处理，模糊半径依需要来调整。效果如图5.2.8.3所示。

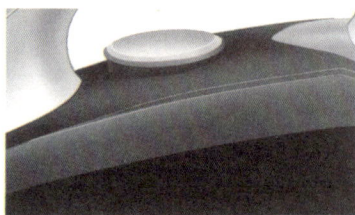

图5.2.8.1 勾画出高光部分

图5.2.8.2 用渐变工具填充

图5.2.8.3 转角实行虚化处理

5.2.9 投影处理

Step1:

在图层1的上新建图层，并将其命名为投影层。用钢笔工具画出投影的区域，按右键建立选区。

Step2:

选择"线性渐变填充命令"进行填充，根据光影效果用加深 和减淡 工具来调节明暗关系，电熨斗机体前部投影深一点，后部虚一点。效果如图5.2.9.2所示。

图5.2.9.1　绘制投影选区

图5.2.9.2　投影完成后的效果图

5.2.10　细节处理：贴字

Step1:

平时做效果图的时候，需要把商标贴在产品上。贴字的时候要根据产品的形体来贴，用写字命令 写字，如图5.2.10.1所示。然后把当前字所在的图层栅格化。然后用加深 和减淡 工具根据产品的形体对字的虚实处理。效果如图5.2.10.2所示。

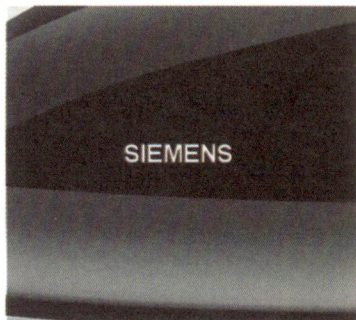

图5.2.10.1　输入文字

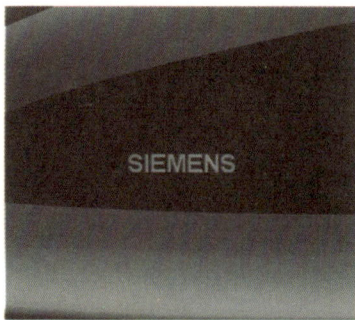

图5.2.10.2　进行虚实处理

图5.2.10.3　调整文字与整体的关系

Step2:

最后，再调整文字与整体的关系。如图5.2.10.3所示。

这样，我们就把电熨斗效果图绘制好了,效果如图5.2.10.4所示。由于篇幅有限，不能把每一个步骤都一一介绍，这需要大家平时多做多练习。从以上的绘图过程可以看出，在用

photoshop绘制二维产品效果图时，有一点非常重要，那就是还原产品空间的能力，即在产品效果图画出来之前，我们脑子里就要有明确的概念:光线是从哪里来的?材质的光影效果是怎么样的?产品的结构是怎么样的?对于这些问题,绘制者都要非常清楚。在photoshop软件的功能中，绘图区的选择（魔棒/钢笔工具）、渐变填充工具和加深减淡工具的应用，以及图层之间的切换经常被用到，对此我们需要熟练掌握和应用。

图5.2.10.4　绘制完成的电熨斗效果图

3 第三部分
设计方案三维设计表现的训练

第六章　Rhino在三维设计表现中的应用

6.1　Rhino 4.0的基础知识

Rhino是由美国Robert McNeel公司于1998年推出的一款基于NURBS为主的三维建模软件，以曲面的拼接与修剪为主要手段。

6.1.1　对Rhino 4.0工作界面的认识

Rhino的界面窗口分割为六个区域。提供您信息或提示您输入。（注：注意指令提示的信息变化）。图6.1.1是Rhino 4.0的原始工作界面。

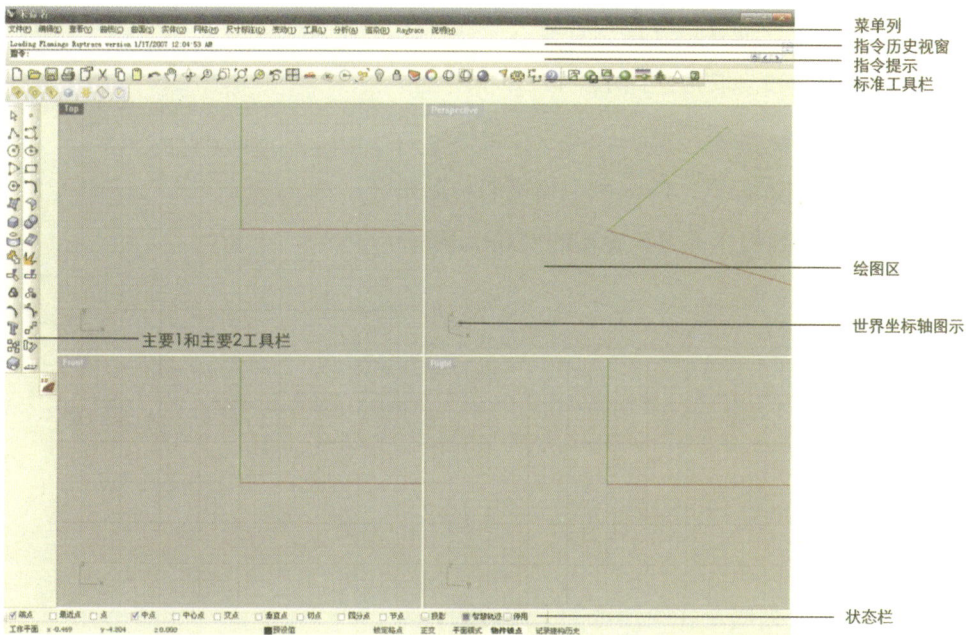

图6.1.1　Rhino4.0工作界面

窗口区域	功　　能
菜单列	执行指令、设置选项和打开说明文件。
指令区	列出提示、输入指令和显示指令产生的信息。
工具栏	执行指令及设置选项的快捷方式。
绘图区	显示打开的模型，可以使用数个工作窗口来显示模型，四个工作窗口(Top、Front、Right、Perspective)是预设的工作窗口配置。
工作窗口	在绘图区中可以用不同的视角显示模型。
状态区	显示点的坐标、模型的状态、选项和切换按钮。

6.1.2　菜单栏

在菜单里有绝大部分的Rhino指令，图6.1.2所示的是Rhino的查看菜单图。

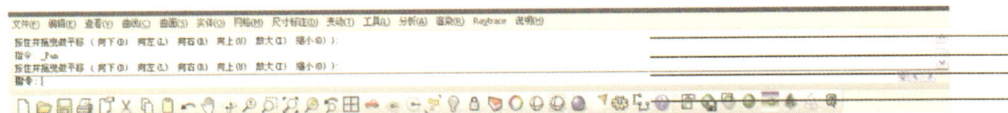

6.1.3　指令区

指令区可以显示指令和指令提示。指令区可以固定于屏幕上方、下方或浮动于任何位置,其预设状态的窗口高度为两行，按F2可以显示指令历史窗口。我们可以选取或复制指令历史窗口中的文字到Windows剪贴板，如图6.1.3所示。

在指令行中可以输入指令、选取指令选项、输入坐标、距离、角度或半径、输入快捷键和读取指令提示。按Enter、空格键或当游标位于工作窗口中时，按鼠标右键可输入指令行中已输入的信息。要注意的是，在Rhino里，Enter和空格键的功能相同。快捷键是制定的组合键，我们还可以设置功能键和Ctrl组合成快捷键来执行Rhino的指令。

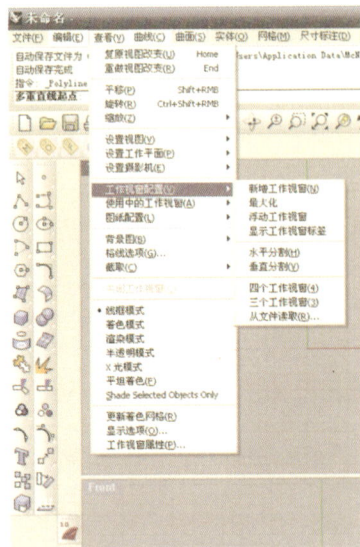

图6.1.2　Rhino的查看菜单图

图6.1.3　指令区

菜单列
指令历史视窗
指令提示
标准工具栏

6.1.4　标准工具栏

标准工具栏是将标准工具列固定在绘图区的上方边缘，是专门负责文件管理、视图管理、工作平面、显示隐藏、图层管理、渲染等非建模命令的工具栏，是不可缺少的辅助管理工作。如图6.1.4.1、图6.1.4.2所示。

图6.1.4.1　标准工具栏

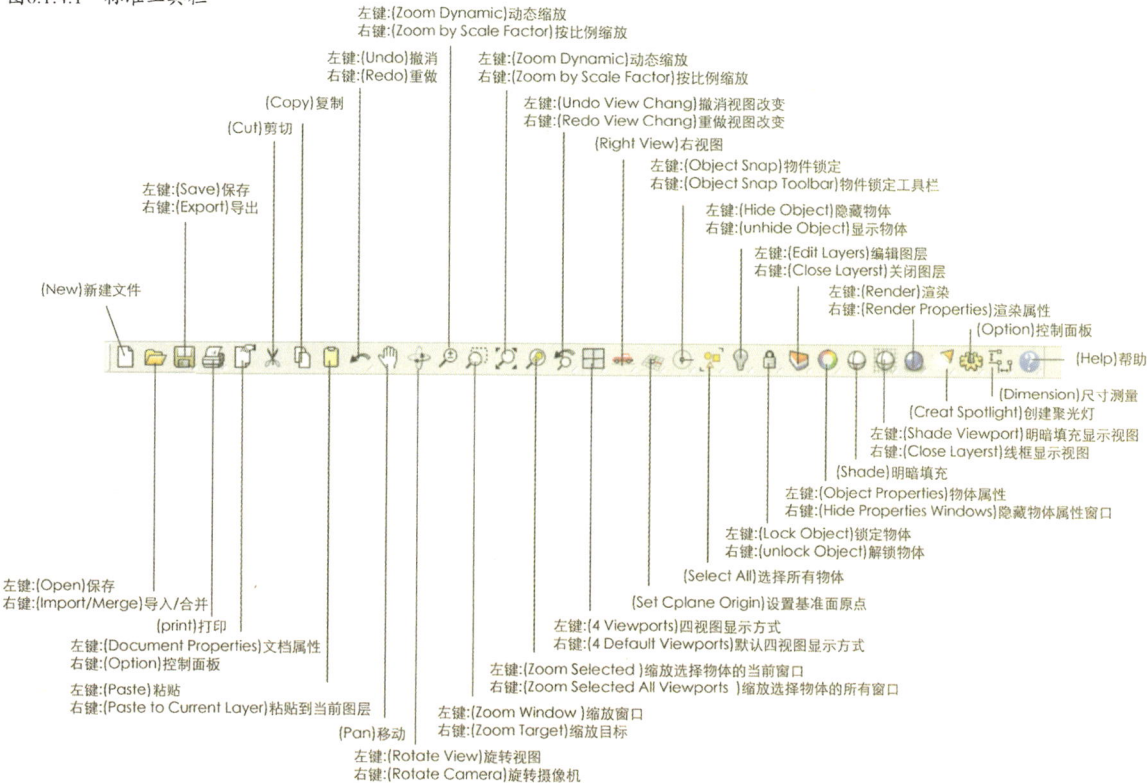

左键:(Zoom Dynamic)动态缩放
右键:(Zoom by Scale Factor)按比例缩放

左键:(Undo)撤消　　　　　左键:(Zoom Dynamic)动态缩放
右键:(Redo)重做　　　　　右键:(Zoom by Scale Factor)按比例缩放

(Copy)复制　　　　　左键:(Undo View Chang)撤消视图改变
(Cut)剪切　　　　　右键:(Redo View Chang)重做视图改变

(Right View)右视图

左键:(Save)保存　　　　左键:(Object Snap)物件锁定
右键:(Export)导出　　　右键:(Object Snap Toolbar)物件锁定工具栏

左键:(Hide Object)隐藏物体
右键:(unhide Object)显示物体

(New)新建文件　　　　左键:(Edit Layers)编辑图层
　　　　　　　　　右键:(Close Layerst)关闭图层

左键:(Render)渲染
右键:(Render Properties)渲染属性

(Option)控制面板

(Help)帮助

(Dimension)尺寸测量

(Creat Spotlight)创建聚光灯

左键:(Shade Viewport)明暗填充显示视图
右键:(Close Layerst)线框显示视图

(Shade)明暗填充

左键:(Object Properties)物体属性
右键:(Hide Properties Windows)隐藏物体属性窗口

左键:(Lock Object)锁定物体
右键:(unlock Object)解锁物体

(Select All)选择所有物体

(Set Cplane Origin)设置基准面原点

左键:(4 Viewports)四视图显示方式
右键:(4 Default Viewports)默认四视图显示方式

左键:(Zoom Selected)缩放选择物体的当前窗口
右键:(Zoom Selected All Viewports)缩放选择物体的所有窗口

左键:(Zoom Window)缩放窗口
右键:(Zoom Target)缩放目标

左键:(Open)保存
右键:(Import/Merge)导入/合并

(print)打印

左键:(Document Properties)文档属性
右键:(Option)控制面板

左键:(Paste)粘贴
右键:(Paste to Current Layer)粘贴到当前图层

(Pan)移动

左键:(Rotate View)旋转视图
右键:(Rotate Camera)旋转摄像机

图6.1.4.2　标准工具栏详细功能详解

6.1.5　工具列

　　Rhino工具列中的按钮是执行指令的快捷方式，可以将工具列浮动于屏幕的任何位置或固定于绘图区的边缘，主要1和主要2工具列在默认状态下固定于左侧边缘。如图6.1.1所示。

6.1.5.1　工具提示

　　这一功能会告诉我们每一个按钮可以做些什么。将鼠标游标移动到按钮之上但不按下按钮，就会显示一个含有指令名称的黄色小标签。在Rhino里，有许多按钮可以执行两个指令，工具提示会显示哪些按钮可以执行两个指令。如图6.1.5.1所示，在按钮上按鼠标左键能建立多重直线，按鼠标右键可建立线段。

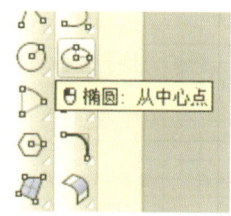

图6.1.5.1　工具提示

6.1.5.2　扩展工具列

工具列上的按钮可以包含一个扩展工具列。可将其他指令的按钮包含于此扩展工具列之中。扩展工具列通常含有一个指令所衍生出来的各种变化,当按下扩展工具列中的按钮后,扩展工具列会随即消失。含有扩展工具列的按钮在其右下角会有一个白色的小三角形。以鼠标左键按住该按钮不放,或以鼠标右键按下该按钮可以弹出扩展工具列。如图6.1.5.2所示,直线工具列与主要1工具列上的按钮连结,在扩展工具列弹出以后,按扩展工具列上的任何按钮后动指令。

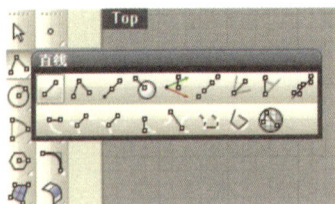

图6.1.5.2　扩展工具列

6.1.5.3　工具列的区域划分

我们大致可以把工具列的区域划分为:点与线组合、基本形、多边形曲线编辑、曲面和曲面编辑、实体和实体编辑、投影线和网格、组合/分离/点编辑、其他、缩放和分析区域。如图6.1.5.3所示。

① 点与线
② 基本形
③ 多边形曲线编辑
④ 曲面和曲面编辑
⑤ 实体和实体编辑
⑥ 投影线和网格
⑦ 组合、分离、点编辑
⑧ 其他
⑨ 缩放和分析

图6.1.5.3　工具列的区域划分

6.1.6　状态栏

图6.1.6.1为状态栏,是显示工作状态信息的。在状态栏上的锁定格点面板中,按鼠标左键可以打开锁定格点。通常在计算机上,锁定格点可能早已打开,但请务必确定将其打开而不是关闭。当锁定格点打开时,"锁定格点"四个字显示为粗体字,关闭时则为细体字。如图6.1.6.2所示。

图6.1.6.1　状态栏

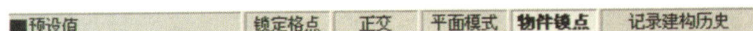

图6.1.6.2　锁定格点状态显示

6.1.7　建模辅助

我们可以使用快捷键、功能键、在指令行输入单一字母或按建模辅助面板打开或关闭各种建模辅助模式。

图6.1.7　建模辅助

锁定格点：限制鼠标标记只能在工作平面格点上移动，我们也可以按F9或输入S，按Enter，切换锁定格点。

正交：指定下一点时限制游标只能在由上一个点出发的特定角度上移动，预设角度为90°，也可以按F8或按住Shift切换正交。在正交打开时，按住Shift可以暂时关闭正交，在正交关闭时，按住Shift可以暂时打开正交。

平面模式：平面模式是与正交类似的建模辅助模式，可帮助我们在建立平面对象时将下一个输入点限制在通过上一点而且与工作平面平行的平面上。

物件锁点：对象锁点可让将现有对象指定到某个位置，同时可以使用对象锁点做精确建模或取得精确的资料，物件锁点能达到肉眼观察无法达到的精确度。

记录建构历史：记录与更新对象的建构历史。

物件锁点指令描述

按钮	指令	描 述
	End	端点可以锁定曲线端点、曲面边缘转角或多重曲线中的线段端点。
	Near	最近点可以锁定现有曲线或曲面边缘距离鼠标游标最近的点。
	Point	点可以锁定控制点或点对象。
	Mid	中点可以锁定曲线或曲面边缘的中点。
	Cen	中心点可以锁定曲线的中心点，这个对象锁点通常用于圆和圆弧。
	Int	交点可以锁定两条曲线相交的点。
	Perp	垂直点可以锁定曲线上的某一点，使该点与上一点形成的方向垂直于曲线。这个物件锁点无法在指令提示指定第一点的时候使用。
	Tan	切点可以锁定曲线上的某一点，使该点与上一个点所形成的方向与曲线正切。此锁点无法在指令提示选取第一个点的时候使用。
	Quad	四分点可以锁定四分点，四分点是一条曲线在工作平面X或Y轴坐标最大值或最小值的点。

按钮	指令	描　述
	Knot	节点可以锁定曲线或曲面边缘上的节点。
	投影	将锁定的点投影至工作平面上。
	智慧轨迹	智慧轨迹(Smart Track)是Rhino的建模辅助系统，以工作窗口中不同的3D点、几何图形及坐标轴，向建立暂时性的辅助线和辅助点。
	停用	暂时关闭持续性对象锁点，但保留其设置。

6.2　用Rhino进行练习

6.2.1　建立二维对象

6.2.1.1　建立直线

Line、Lines和Polyline指令可用来建立直线，Line 指令可画出单一直线，Lines指令可画出数条相接的直线。Polyline指令可画出以数条直线组合而成的多重直线(一条多重直线中包含数条直线线段)。

6.2.1.1.1　建立单一直线

Polyline指令（左键）可画出单一直线，也可画出数条相接的直线，根据需要按右键或者Enter终止。

范例1——建立直线

(1) 从文件菜单选择打开。

(2) 在打开模板文件对话框中，选取小模型。

(3) 从文件菜单选择另存为。

(4) 在保存对话框的文件名栏目中输入Lines，按保存。

(5) 用左键点取Line 工具。

如图 6.2.1.1.1所示：

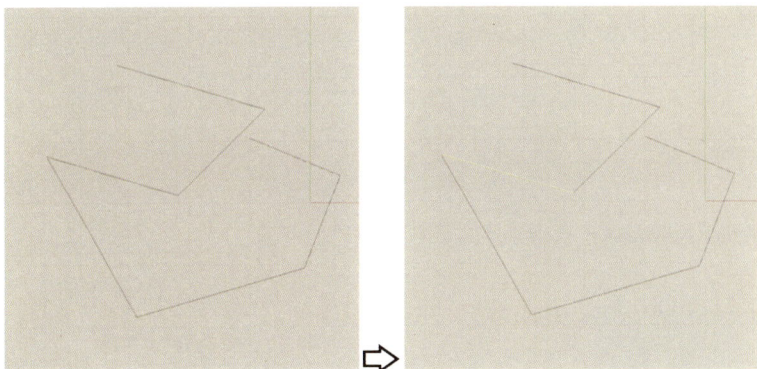

図6.2.1.1.1 建立直线

6.2.1.1.2　建立数条直线

PoIyline指令（右键）可画出以数条直线组合而成的多重直线(一条多重直线中包含数条直线线段)。

范例2——建立数条直线

(1) 用右键启动PoIyline ⚲ 指令。

(2) 在工作窗口中指定起点。

(3) 在工作窗口中指定3或4个点。

图6.2.1.1.2　建立数条直线

6.2.1.2　建立自由造型曲线

InterpCrv ⚲ 与Curve ⚲ 指令可以建立自由造型的曲线，InterpCrv指令建立的曲线会通过我们指定的点(内插点)，Curve指令则是使用控制点建立曲线。

6.2.1.2.1　建立内插点曲线

制定内插点建立曲线，建立的曲线会通过内插点。

范例3——建立内插点曲线

(1) 从曲线菜单选择自由造型，再选择内插点。也可直接点取主工具栏中的 。

(2) 指定起点。

(3) 继续指定几个点。

(4) 按封闭选项建立封闭的曲线或按Enter结束指令。

图6.2.1.2.1 建立内插点曲线

6.2.1.2.2 建立控制点曲线

范例4——建立控制点曲线

制定控制点的位置建立曲线，大部分的控制点都不在曲线上，但可以控制曲线的形状。

(1) 从曲线菜单选择自由造型，再选择控制点。也可直接点取主工具栏中的 。

(2) 指定起点。

(3) 继续指定几个点。

(4) 按封闭选项建立封闭的曲线或按Enter结束指令。如图6.2.1.2.2。

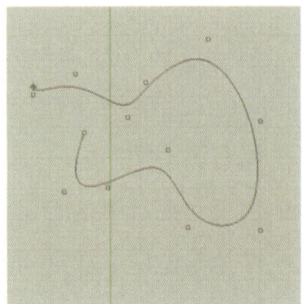

图6.2.1.2.2 建立控制点曲线

6.2.1.3 建立基本形

6.2.1.3.1 画圆

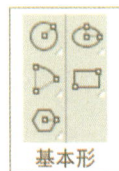

我们可以使用圆心与半径、圆心与直径、直径的两个端点、圆周上的任意三个点、圆与两条平面曲线的切点及半径等不同的方法画圆。

范例5——以不同的方式画圆

以圆心与半径画圆：

(1) 从曲线菜单选择圆，再选择中心点、半径。

(2) 输入20、10，按Enter。

(3) 输入3，按Enter，这样就建立了一个圆。

如图6.2.1.3.1。

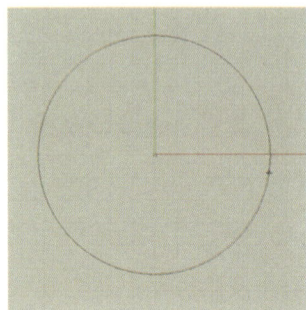

图6.2.1.3.1 以不同的方式画圆

6.2.1.3.2 画椭圆、矩形、多边形

画椭圆形 、矩形 与多边形 时，可以从中心点或

轴的端点画出椭圆形、从中心点或边画出多边形、从对角线或

以三个点画出矩形。如图6.2.1.3.2。

椭圆形指令描述

按钮	指令	描 述
	Ellipse	以中心点与两个轴的端点画出椭圆形。
	Ellipse直径	以两个轴的三个端点画出椭圆形。
	Ellipse从焦点	以两个焦点与通过点画出椭圆形。
	Ellipse环绕曲线	画出一个环绕曲线并与曲线垂直的椭圆形。
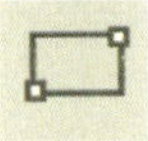	Rectangle	以两个对角画出矩形。
	Rectangle中心点	以中心点和一个角画出矩形。
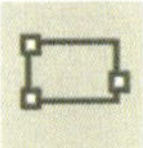	Rectangle三点	以三点画出矩形。
	Rectangle垂直	画出一个与工作平面垂直的矩形。
	Rectangle圆角	画出圆角（圆弧或圆锥形）矩形。
	Polygon	以中心点与半径画出多边形。
	Polygon边	指定一个边的两个端点画出多边形。
	Polygon星形	从多边形画出星形。

注：可根据需要在提示栏里设置多边形的边数。

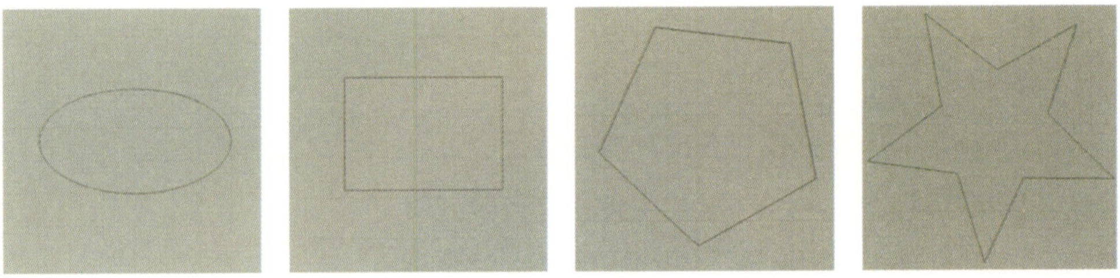

图6.2.1.3.2　画椭圆、矩形、多边形

6.2.1.3.3 画圆弧

我们可以从圆弧上的数个点或其他几何图形建立圆弧，也可以使用圆弧扩展现有的曲线到另一条曲线、到一个点或以角度扩展。

圆弧指令描述

按钮	指令	描述
	Arc	以中心点、起点、角度回圆弧。
	Arc三点	以三个点画圆弧。
	Arc起点、终点、方向	以起点，终点，起点的方向画圆弧。
	Arc正切、正切、半径	以设置的半径画出与其他曲线正切的圆弧。
	Arc起点、终点、半径	以起点、终点、半径画圆弧。
	Convert输出为：圆弧	将曲线转换成由许多圆弧线段组合的多重曲线。
	Curve ThroughPt Convert输出为圆弧	通过选取的点建立内插点或控制点曲线，再将建立的曲线转换成许多圆弧线段。

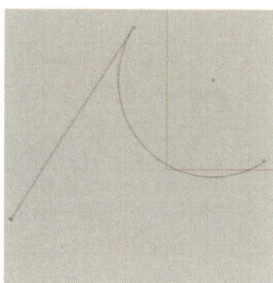

图6.2.1.3.3　画圆弧

6.2.2　三维实体建模

6.2.2.1　实体/实体编辑

在Rhino里实体建模比较方便，有一些指令可以建立和编辑实体对象。Rhino里的实体是指包含封闭空间的单一曲面或多重曲面，有些实体基本对象是

封闭的（所有边缘紧密相接）单一曲面，有些是多重曲面。这
个段落的教学将着重于建立实体、分离实体的组成部分，编辑
后再重新组合成主体。下面列的是实体/实体编辑指令描述。
具体的命令效果，如图6.2.2.1至图6.2.2.3所示。

实体/实体编辑指令描述

按钮	指令	描 述
	Box	以矩形的两个对角及高度建立立方体。
	Box三点	以两个相邻的角、一个对角和高度建立立方体。
	Sphere	以中心点与半径建立球体。
	Sphere直径	以直径的两个端点建立球体。
	Sphere三点	以球体曲面上的三点建立球体。
	Cylinder	以中心点、半径与高度建立圆柱体。
	Tube	以中心点、两个半径与高度建立圆柱管。
	Cone	以底面中心点、半径与高度建立圆锥体。
	TCone	以两个半径与高度建立尖端被截平的圆锥体。
	Ellipsoid	以中心点与三个轴向的端点建立椭圆体。
	Torus	以中心点、半径与圆管半径建立环状体。
	Pipe	沿着曲线建立圆管，圆管的断面为正圆，可以选择是否在两端加盖。厚度选项必须在圆管两端各指定两个半径，建立有厚度的圆管实体。
	TextObject	以文字外框线建立曲线、曲面或实体。

按钮	指令	描　述
	ExtrudeCrv	挤出封闭的平面曲线建立实体。
	ExtrudeSrf	挤出曲面建立实体。
	Cap	以平面封闭曲面或多重曲面上的平面缺口。
	BooleanUnion	结合数个实体的布尔运算。
	BooleanDifference	以一个曲面或实体减去其他曲面或实体的布尔运算。
	BooleanIntersection	以两个曲面或实体交集的部分建立另一个对象的布尔运算。

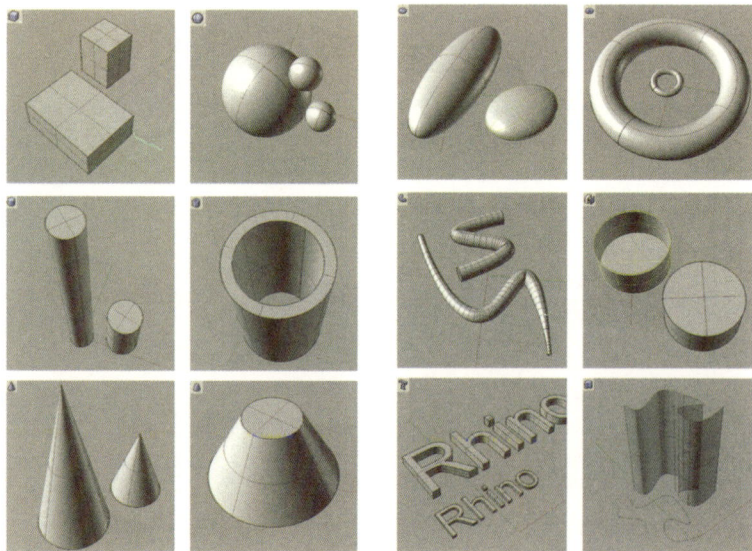

图6.2.2.1　实体效果

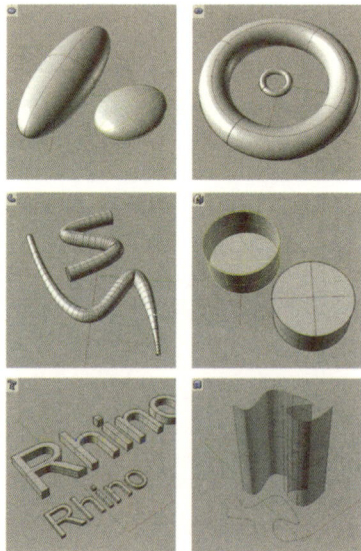

图6.2.2.2　实体效果

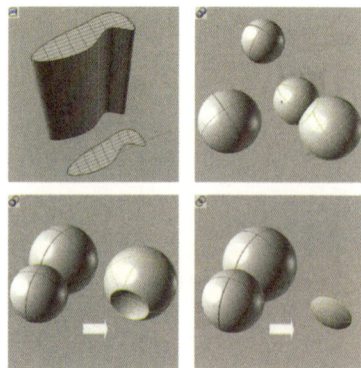

图6.2.2.3　实体效果

6.2.2.2　曲面/曲面编辑

建立曲面：在Rhino里的曲面就像是一张有弹性的布，可以变化成不同的形状。曲面是由一些曲线围绕而成，这些曲线称为边缘。为了将曲面形状可视化，Rhino会在曲面上加入结构线(Isocurve)。移动控制点可以改变曲面的形状，曲面也可以转换成网格。

曲面/曲面编辑指令描述

按钮	指令	描　　述
	SrfPt	在指定的三或四个角之间的区域建立曲面。
	EdgeSrf	以现有的两条、三条或四条曲线当做边缘建立曲面。
	PlanarSrf	以封闭的平面曲线建立曲面。
	Patch	建立一个逼近选取的曲线或点物件的曲面。
	Revolve	以一条曲线绕着旋转轴建立曲面。
	Loft	从一些断面曲线建立曲面，一般、松弛和紧绷选项可建立没有折痕的曲面。平直曲面建立的曲面会在断面曲线处产生折痕。而且断面曲线之间以平直曲面相接。
	Sweepl	沿着一条路径曲线，通过数条断面曲线建立曲面，路径曲线是建立的曲面的一侧边缘。
	Sweep2	沿着两条路径曲线，通过数条断面曲线建立曲面，路径曲线是建立的曲面的两侧边缘。
	FilletSrf	在两个曲面之间建立圆角曲面。
	BlendSrf	在两个曲面之间建立混接曲面。
	RailRevolve	鼠标右键，以一条轮廓曲线沿着一条路径曲线旋转建立曲面，这个指令适用于建立形状不规则而且加盖的曲面。
	ExtrudeCrv	以工作平面Z轴的方向或指定的方向挤出曲线成为曲面。
	ExtrudeCrvAIongCrv	以一条曲线沿着另一条曲线挤出建立曲面。
	ExtrudeCrvToPoint	将曲线挤出至一点建立曲面。
	Plane	以两个对角建立一个与工作平面平行的矩形平面。

按钮	指令	描 述
	Plane三点	以两个相邻的角及对边上的一点建立矩形平面。
	Plane垂直	以两个相邻的角及高度建立一个与工作平面垂直的矩形平面。

范例6——建立曲面的基本技巧

(1) 开始一个新模型，另存为Surfaces。在这个范例里，我们将会以一些简单的曲面建模。

(2) 打开锁定格点与平面模式。

(3) 从曲面菜单选择平面，再选择角对角。

(4) 在Top工作视窗中指定一点。

(5) 指定另一点建立一个矩形平面。如图6.2.2.2.1所示。

(6) 建立一个与其垂直的平面。如图6.2.2.2.2所示。

(7) 以三点建立矩形平面

a.从曲面菜单选择平面，再选择三点。

b.锁定第一个建立的矩形平面左侧边缘的一个端点，按鼠标左键。

c.锁定第一个建立的矩形平面左侧边缘的另一个端点，按鼠标左键。如图6.2.2.2.3所示。

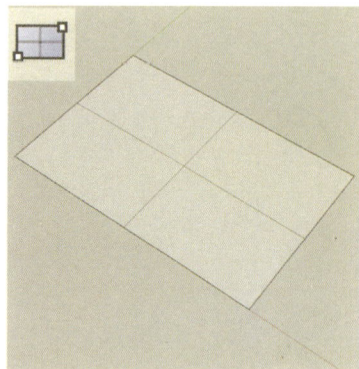

图6.2.2.2.1　建立一个矩形平面

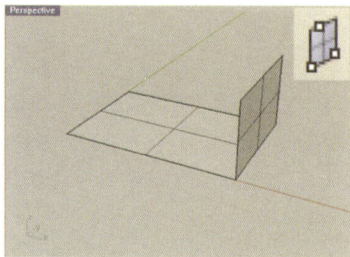

图6.2.2.2.2　建立一个与(5)垂直的平面

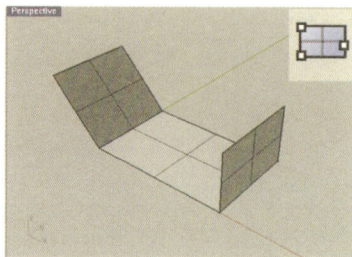

图6.2.2.2.3　以三点建立矩形平面

(8) 以边缘曲线建立曲面

a. 打开捕捉工具端点（End），用线连接，如图6.2.2.2.4所示。

b. 从曲面菜单选择边缘曲线形成曲面 命令。

选取三个平面的边缘和刚才建立的曲线，建立一个曲面。

如图6.2.2.2.5所示。

c. 从平面曲线建立平面。

从曲面菜单选择平面曲线，选取四个曲面的上方边缘，建立一个平面。

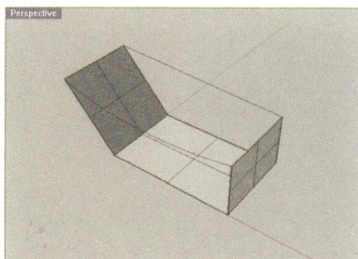

图6.2.2.2.4　打开捕捉工具端点用线连接

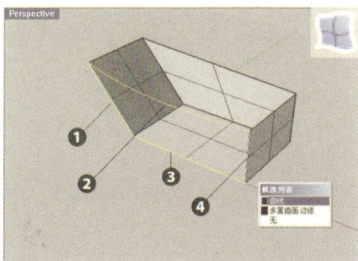

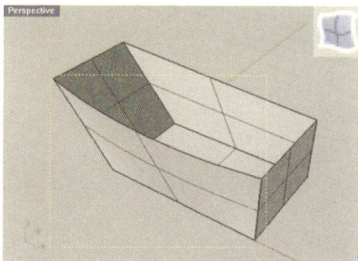

图6.2.2.2.5　从曲面菜单选择边缘曲线建立曲面

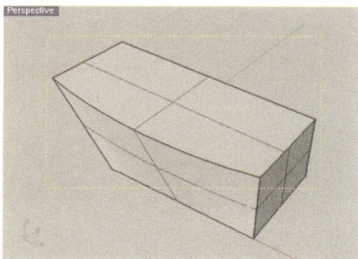

图6.2.2.2.6　从平面曲线建立平面

范例7——放样曲面

(1) 打开模型文件loft.3dm。

(2) 首先框选模型中标号为❶、❷、❸的曲线,然后框选模型中标号为❸、❹、❺的曲线。

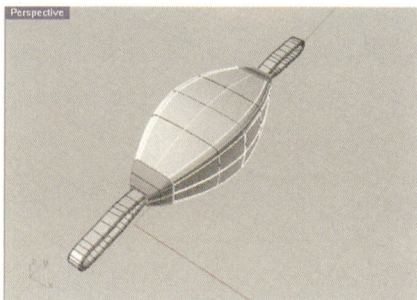

图6.2.2.2.7　模型文件

(3) 从曲面菜单选择放样 命令。

建立两个通过放样所得的上下曲面，如图6.2.2.2.8所示。

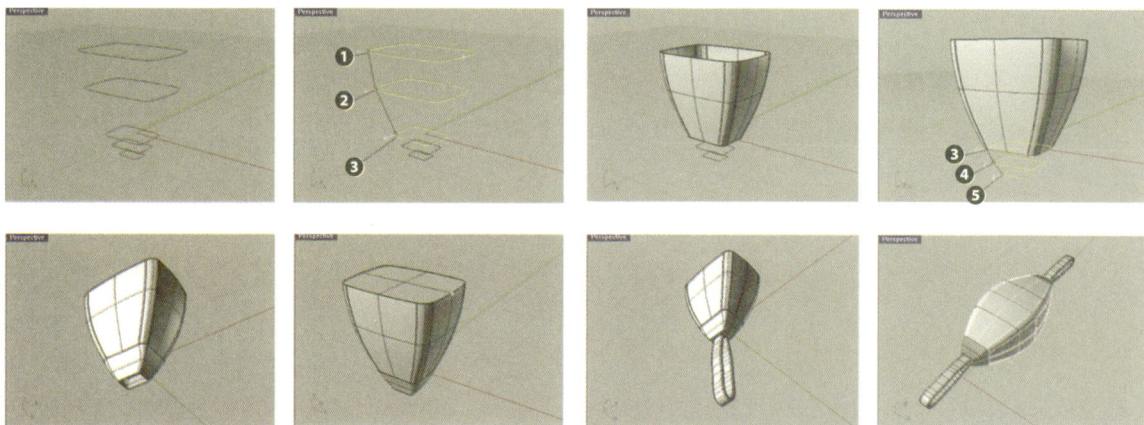

图6.2.2.2.8　放样曲面

范例8——建立旋转形成曲 面（左键）

(1) 打开模型文件Revolve．3dm。

(2) 选取文件中的自由造型曲线a。

(3) 从曲面菜单选择旋转成形。

(4) 锁定曲线的一个端点作为旋转轴的起点，按鼠标左键。

(5) 锁定曲线的另一个端点作为旋转轴的终点，按鼠标左键。如图6.2.2.2.9所示。

(6) 按Enter使用预设的起始角度。

(7) 按Enter使用预设的旋转角度，曲线绕着旋转轴转成曲面，效果如图6.2.2.2.10所示。

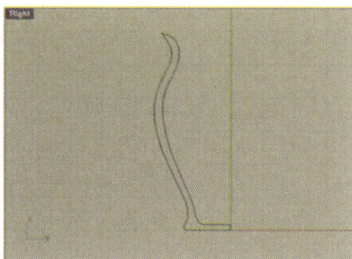

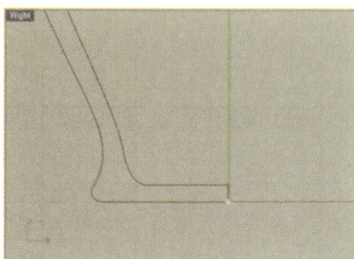

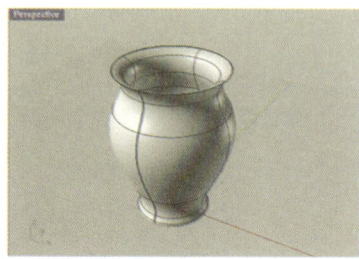

图6.2.2.2.9　建立旋转形成曲面

6.2.2.2.10　旋转成曲面后效果

范例9——沿着路径旋转曲 面（右键）

沿路径旋转是以一条曲线沿着一条路径并绕着旋转轴旋转建立曲面。

建立沿着路径旋转的曲面。

(1) 打开模型文件Rail Revolve.3dm。

(2) 选取轮廓曲线。

(3) 从曲面菜单点择沿路径旋转。

(4) 选取路径曲线。

(5) 锁定旋转轴的一个端点，按鼠标左键。

(6) 锁定旋转轴的另一个端点，按鼠标左键。

曲线的一端沿着路径曲线并绕着旋转轴旋转成为曲面。

图6.2.2.2.11　沿着路径旋转曲面

(7) 打开2图层，并将其他图层关闭。

(8) 使用沿路径旋转建立伞状模型。

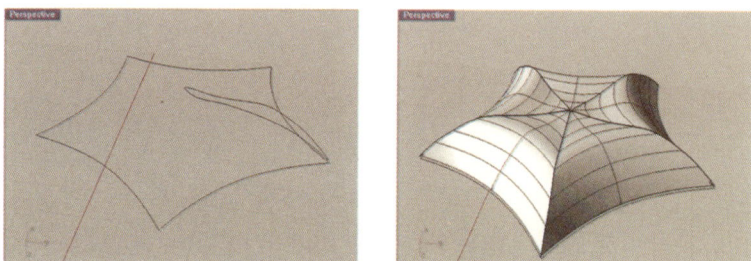

图6.2.2.2.12　图层2中使用沿路径旋转建立伞状模型

范例10——以单轨扫掠建立 曲面

(1) 打开模型文件1 Rail Sweep.3dm。

(2) 根据提示命令操作。

(3) 曲面菜单选择单轨扫掠，按Enter。

(4) 在单轨扫掠选项对话框中按确定。

一条断面曲线沿着路径扫掠时渐变为另一条断面曲线的形状建立曲面。

图6.2.2.2.13　建立曲线

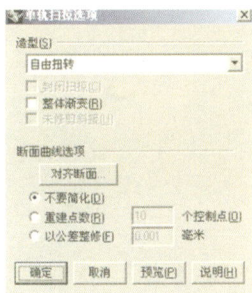

图6.2.2.2.14　设置数值　　图6.2.2.2.15　形成效果

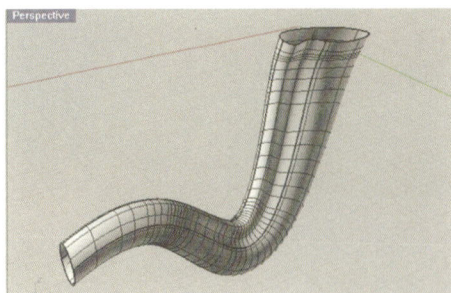

单轨扫掠至一点

(1) 打开端点（END）捕捉工具。在下边的自由造型曲线的端点按左键画上一个点。

(2) 从曲面菜单选择单轨扫掠。

(3) 选取下边的自由造型曲线。

(4) 选取封闭曲线。

(5) 选取点。

(6) 按右键，在单轨扫描选项对话框中按确定。

断面曲线沿着路径扫掠到一个点建立曲面。

图6.2.2.2.16　设置曲线　　　　图6.2.2.2.17　选择单轨扫掠　　图6.2.2.2.18　曲面效果

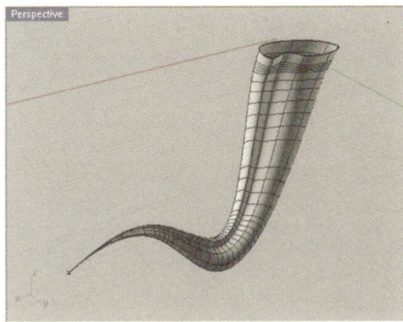

范例11——以双轨扫掠 建立曲面

打开模型文件2 Rail Sweep.3dm

建立花瓶外框

(1) 从曲面菜单选择双轨扫掠。

(2) 选取两条路径曲线。

(3) 选取两条断面曲线，按Enter。

(4) 再按一次Enter。

图6.2.2.2.19　模型文件

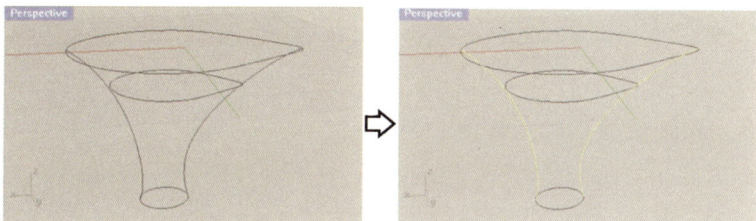

图6.2.2.2.20 建立花瓶外框曲线

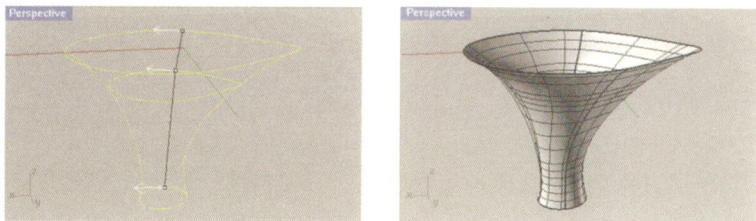

图6.2.2.2.21 选取两条断面曲线

图6.2.2.2.22 呈现效果

6.3 用Rhino制作手持医疗终端实例

6.3.1 用Rhino建模前的准备工作

用Rhino建模前，用扫描仪将制图所需要的手绘产品平面图扫描进电脑。再把平面图导入到三维软件，在三维软件里参照三视图建立模型。

导入图片

首先打开Rhino 4.0，新建一个文件，并将文件命名为手持建模。点击菜单栏中的"查看"（View），选择Background Bitmap\Place(背景图片＼置入)，将预先扫描好的手绘草图置入，作为三维建模的参考。如图6.3.1.1。

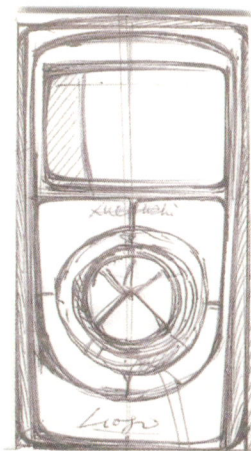

之后，选择之前扫描生成的图片，此时命令栏内出现Firstcorner的指令，要求输入图片左下角的位置，我们在绘图视窗中根据自己需要拖拉缩放，如图6.3.1.2所示。

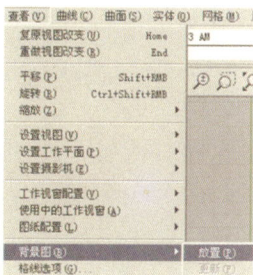

图6.3.1.1 将预先扫描好的手绘草图置入

图6.3.1.2 导入图片

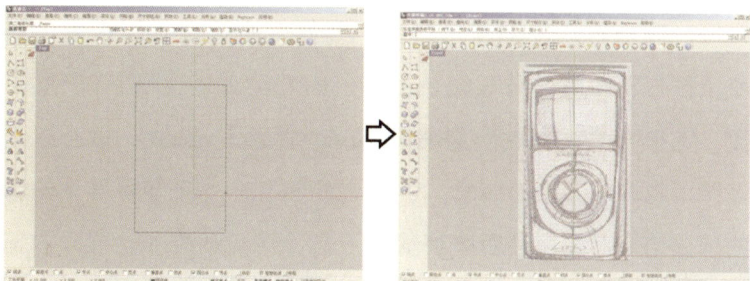

6.3.2　在草图的基础上绘制二维曲线

Step1:

在工具栏中选择矩形工具 ，先画最外面的大轮廓，然后把界面下面的捕捉工具打开，勾上中点，选择直线工具画中线，如图6.3.2.1所示。因为手持医疗终端是对称的产品，中线将使我们对产品的把握更加容易。在下面的绘图过程中，将经常会用到以中线为轴，进行镜像的方法来作图。

| □端点 | □最近点 | □点 | ☑中点 | □中心点 | □交点 | □垂直点 | □切点 | □四分点 | □节点 | □投影 | ■智慧轨迹 | □停用 | |
| 工作平面 | x 101.491 | y 65.773 | z 0.000 | 0.000 | ■Default | | | | 锁定格点 | 正交 | 平面模式 | 物件锁点 | 记录建构历史 |

图6.3.2.1　勾上中点

作图的时候，我们需要将主工具要和下面的捕捉工具结合起来使用。

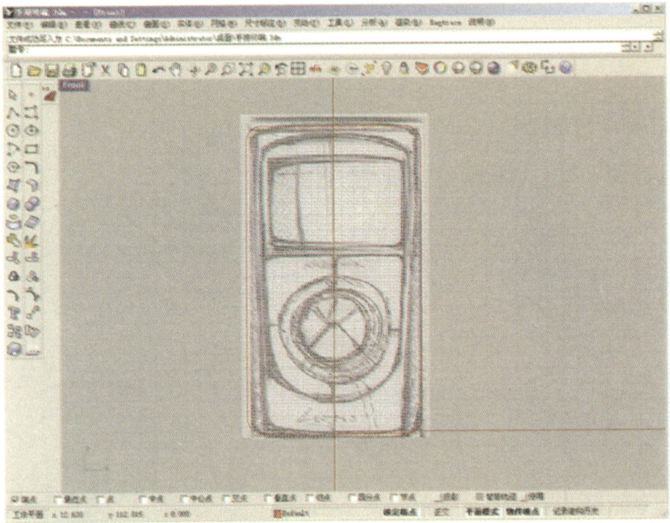

图6.3.2.2　直线工具画中线

Step2:

选择矩形工具 根据底图的参照画显示屏中的外轮廓，然后以中线为依据，对显示屏中的外轮廓右半面的那部分进行修剪。然后再选择镜像工具 ，选择端点捕捉，以端点为基点，按住Shift键，对左面显示屏中的外轮廓进行水平180度镜像。选择[查看>背景图>隐藏]或[查看>背景图>显示]，就可以把参照图隐藏或者显示出来。然后用结合工具 把显示屏外轮廓两部分结合起来。最后选择偏移工具，把显示屏外轮廓向内偏移1个单位，如图6.3.2.3所示。

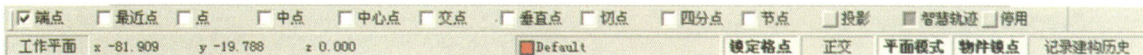

图6.3.2.3　镜像后结合

Step3:

用多重直线工具 在控制键的中心处，画一条与中线相交的直线，目的是定位找出一个交点，也是控制区域的圆心。然后打开交点捕捉工具，关闭其他捕捉。以交点为圆心，画控制区按键的圆形轮廓线。制作两条辅助线，我们将在下面用到，用直线（从中点）工具 ，以交点为起点，按住Shift键，横画直线。然后选择旋转工具旋转45度。之后再选择镜像工具，按住Shift键，对其进行水平镜像。

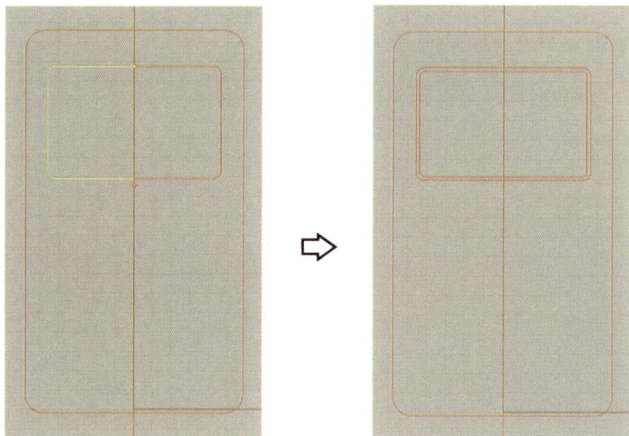

图6.3.2.4　定位找交点　　图6.3.2.5　以交点为圆心，画按键轮廓线　　图6.3.2.6　隐藏背景图显示

图6.3.2.7　捕捉工具条

Step4:

打开捕捉工具四分点和中心点，选择直线工具，以刚才画的最外面的这个圆的左边四分点为起点画直线。选中刚才画的直线，以中心点为基点，按住Shift键，选择镜像工具进行水平180度镜像。如图6.3.2.8所示。

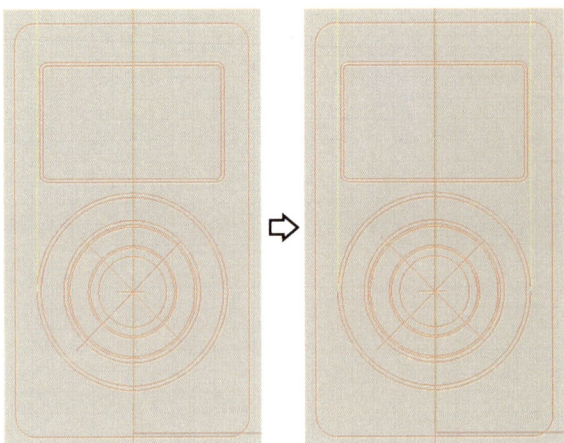

图6.3.2.8 镜像

Step5:

选择多重直线工具 ∧，根据背景图的显示画两条参考线，选择圆弧工具 ↘，左键打开交点捕捉，以❶、❷两个交点为弧线的端点，以❸点为弧线的顶点，画弧线。如图6.3.2.9所示。

Step6:

删除上一步画的两条参考线，选择导角工具 ⌐，对弧线和其相交的两条直线做导角处理，导角半径为3mm。如图6.3.2.10所示。

图6.3.2.9 画出弧线

图6.3.2.10 导角处理

Step7:

制作按键区，画辅助线，选中中线，选择偏移工具 ，向左右各偏移0.5mm，用直线（从中点）工具 ，打开中心点捕捉工具，以圆心为中点，按住Shift键，画直线，向上下各偏移0.5mm。选择修剪工具 ，剪出所需要的形状。

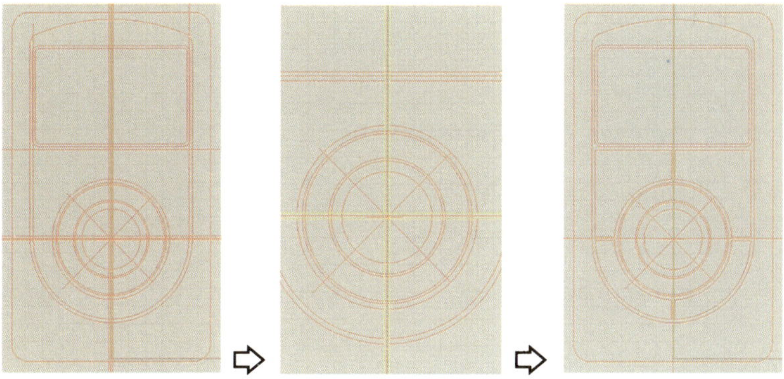

图6.3.2.11 制作按键区

Step8:

选择导角工具 ，对图形做导角处理，大的导角半径为3mm，小的为1 mm。最后选择用[曲线>内插点曲线] ，画外轮廓内的一个转折线，先画左边。通过开启控制点工具 ，可以调节曲线的线形，开启的快捷键是F10，关闭是F11，然后通过中线镜像到右边。

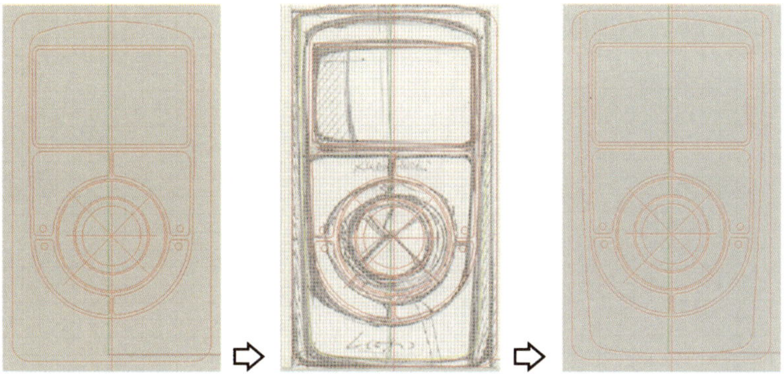

图6.3.2.12 利用导角工具和中线镜像工具

Step9:

选中所有的线，选择结合工具 ，把它们都结合起来。然后点击 ，打开图层编辑器，点击 ，新建一个图层，命名为"线"，选中所有的线把它们移动这个"线图层"中去。这样就把二维曲线画好了，如图6.3.2.13所示。

图6.3.2.13 线图层

6.3.3 用二维曲线生成三维曲线，绘制主体部分

Step1:

下面来做手持医疗终端的主体部分。点击，打开图层编辑器，点击，新建一个图层，命名为"主体"，然后把其设为当前图层。按下使其在渲染模式下显示。选中最外面的轮廓，选择线拉伸（挤出封闭的平面曲线）工具，挤出距离为8.5mm。

图6.3.3.1 新建主体图层并设为当前图层

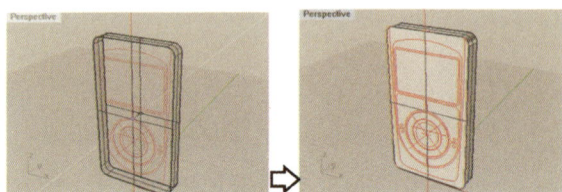

图6.3.3.2 选中最外面轮廓并选择线拉伸工具

Step2:

观察Top视图，打开交点\端点\中点捕捉工具，以刚才的主体为边界，沿着主体画四条直线。然后画一条主体在Top视图中的中线。之后选中主体部分，左键点击隐藏，可以清楚地看到图中的五条直线。

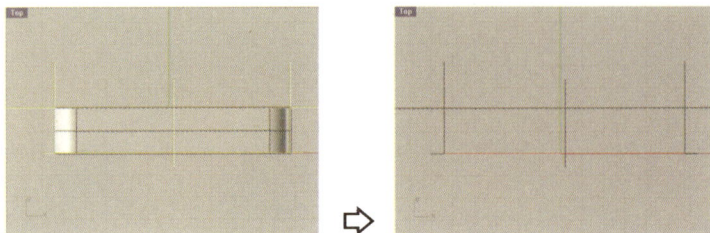

图6.3.3.3 观察Top视图

Step3:

选择❶、❷线往外各偏移3mm，❸、❹线向内偏移1.5mm，如图6.3.3.4所示。选择圆弧工具左键，打开交点捕捉，以❺、❻两点交点为弧线的端点，以❼点为弧线的顶点，

116 设计表现——计算机辅助工业设计表现

画弧线。再以❽、❾两点交点为弧线的端点，以❿点为弧线的顶点，画弧线。

图6.3.3.4 以各点画弧线

Step4:

选中上一步所画的两条弧线，选择线拉伸（挤出封闭的平面曲线）工具■，挤出距离为120mm。然后垂直向上拖一点，使其超过主体的顶部。

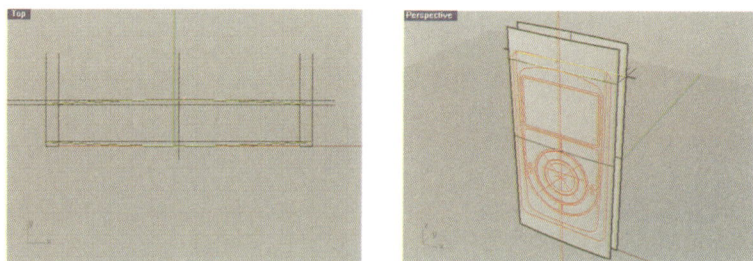

图6.3.3.5 选择线拉伸

Step5:

右键点击隐藏🔆，显示Step2隐藏的主体物。

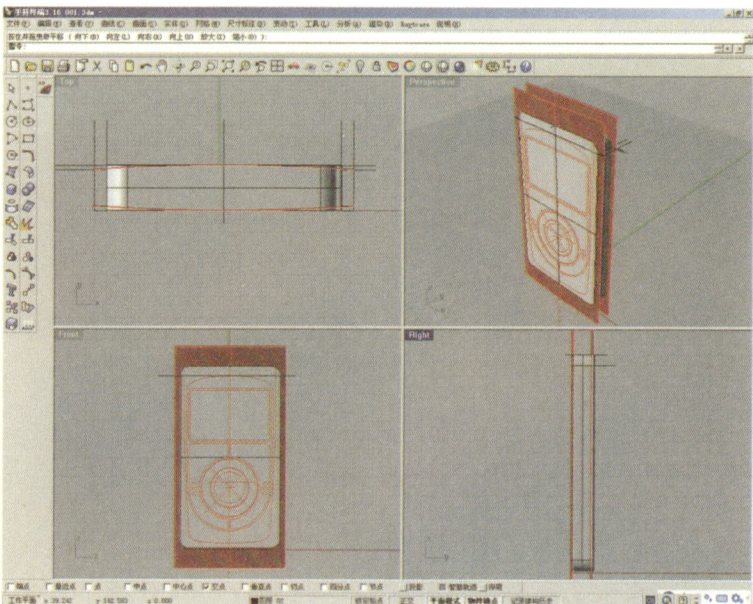

图6.3.3.6 显示隐藏

Step6:

选择布尔工具 和 ，去掉前面和后面多余的形，请注意，前面和后面两块需要分开来做。首先选择布尔运算差集工具 ，用左键选择❶号物件按右键，再用左键按❷号物件按右键。然后选择布尔运算差集工具 ，用左键选择❶号物件按右键，再用左键按❸号物件按右键。

这样主体物的大致形状做好了，如图6.3.3.7所示。

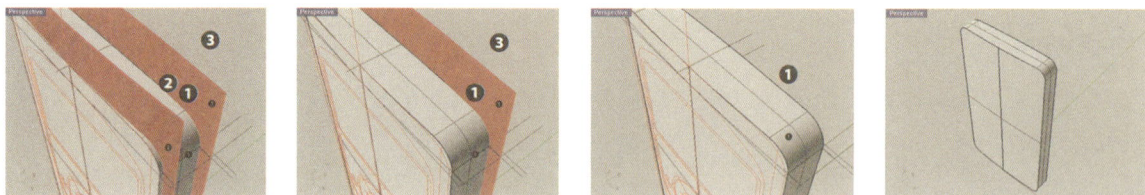

图6.3.3.7 运用布尔工具

Step7:

选中主体物，对其两周边缘线进行体导角 ，导角半径为1mm。如图6.3.3.8所示。

Step8:

调整主体物的内轮廓线，要做一个稍微突的面。选中主体物，左键点击炸开命令 ，使主体物各个面分离，目的是提出前面的一个面。把主体物正前面的一个面向外前移动2mm。选择投影工具（将曲线拉置曲面） ，把主体物的内轮廓线投影到主体物正前面的面上。然后用刚才修剪过的主体物的内轮廓线再去修剪主体物前面的一个面。步骤如图6.3.3.9所示。

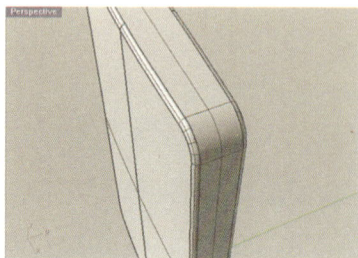

图6.3.3.8 边缘线进行导角

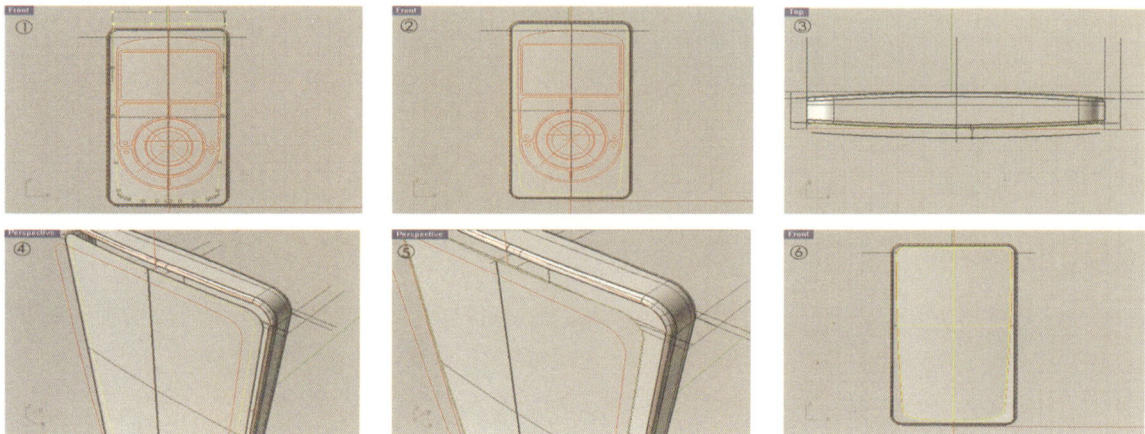

图6.3.3.9 调整主体物内轮廓线

Step9:

删除主体物一周导角的面，然后用混接曲面工具 ，选中两个需要混接的面的边缘，然后调整混接转折参数，如图6.3.3.10/11所示。

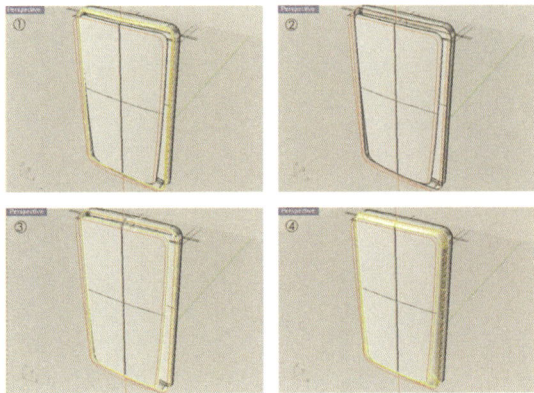

图6.3.3.10　利用混接曲面工具

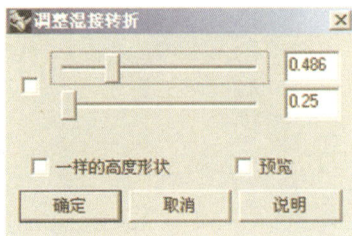

图6.3.3.11　调整参数

Step10:

选中所有的面，把其结合起来 。选中主体物，长按 中的 ，隐藏未选中物体。至此，手持医疗终端的主体部分就绘制完成了。如图6.3.3.12所示。

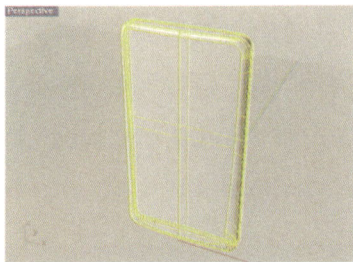

6.3.4　用布尔分割命令分割主机机体部分

Step1:

选择下图所示的❶、❷弧线，选中偏移工具 ，各向内偏移1mm，如图6.3.4.1所示。

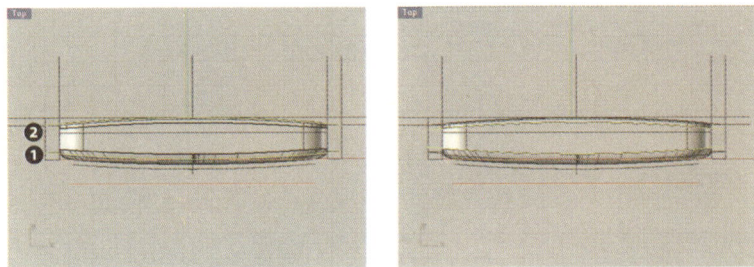

图6.3.3.12　手持医疗终端主体部分完成图

图6.3.4.1　选中弧线利用偏移工具

Step2:

选中偏移出来的两条弧线，利用线拉伸（挤出封闭的平面曲线）工具 进行拉伸，挤出距离为120mm。和上面我们做过的步骤一样，垂直向上拖一点，使其超过主体的顶部。为了看

得清楚，我们可以把刚才弧线拉伸出来的曲面改成红色，如图
6.3.4.2所示。

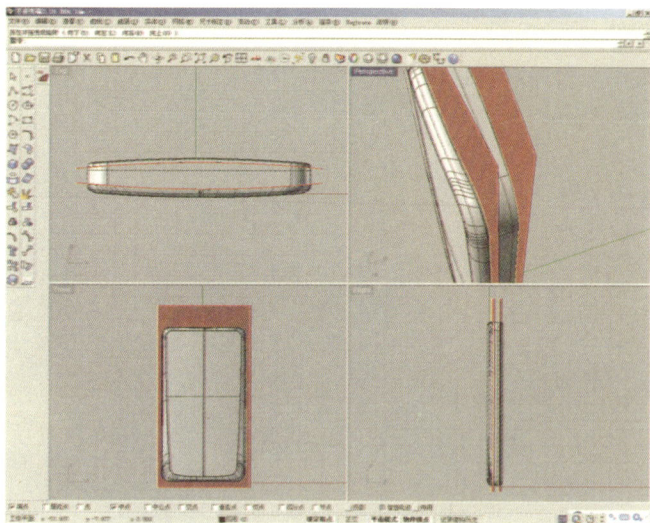

图6.3.4.2　曲面改为红色

Step3:

选择混接曲面工具，按左键按照顺序点击❶号曲面的
边缘一周，然后再照顺序点击❷号曲面边缘一周，按右键，会
弹出调整混接曲面转折的对话框，调节参数，这就可以得到连
接刚才拉伸出来的两个面的中间面，如图6.3.4.3所示。

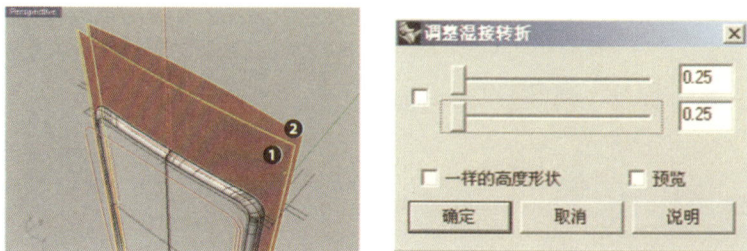

图6.3.4.3　混接曲面工具

做混接的时候把端点捕捉打开，把两个参考点移到相对应
的位置，有利于形成曲面的平滑。如图6.3.4.4所示。

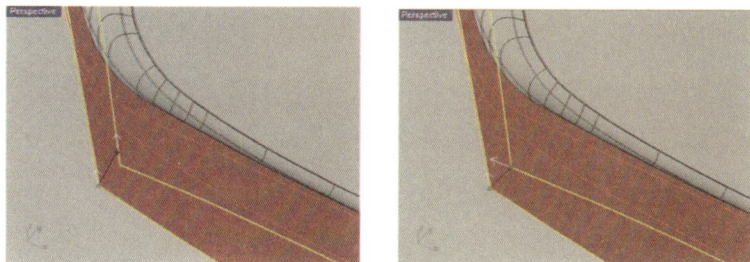

图6.3.4.4　参考点移到相对应位置

然后把这三个面按组合拼合🔗起来，这就得出一个实体。如图6.3.4.5所示。我们需要用这个实体来做下面主体的体块分割。

图6.3.4.5　混接的实体

Step4:

选择布尔工具📄，根据提示栏提示按左键选中❶号物体，按右键，再按左键选中❷号物体，按右键，完成了布尔运算。删除物体❷，此时物体已经被分为前、中、后三个部分。为了看得比较清楚，把中间部分换了颜色显示，如图6.3.4.6所示。

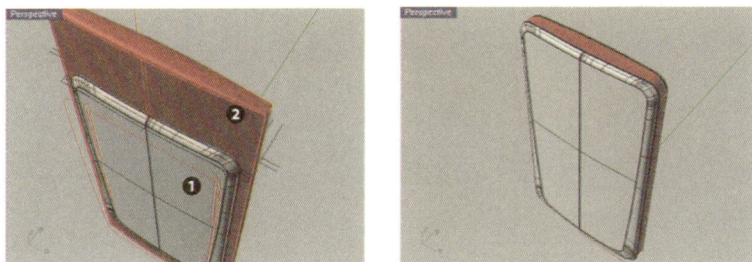

图6.3.4.6　分成三部分的物体

6.3.5　制作控制面板区

Step1:

按右键💡，显示隐藏部分线框，选中线框往前移3mm。如图6.3.5.1所示。

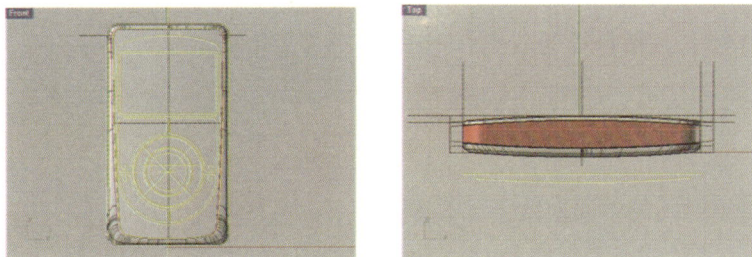

图6.3.5.1　显示隐藏部分线框

Step2:

选择线拉伸（挤出封闭的平面曲线）工具📦进行拉伸，

选中左下图的黄线，挤出距离为5mm。如图6.3.5.2所示。

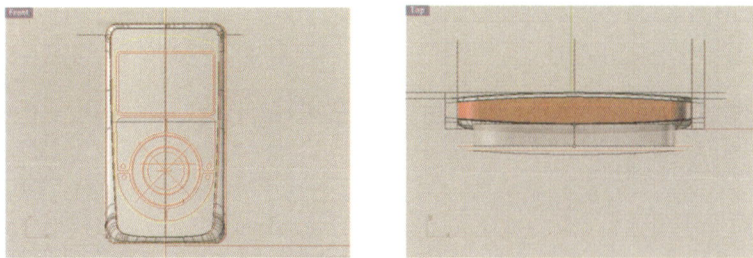

图6.3.5.2 选择线拉伸工具

Step3:

选中❶、❷号物体，长按 🔅 中的 💡，隐藏未选中物体与其他部分。然后选择布尔运算分割工具 🔳 ，根据提示栏提示按左键选中❶号物体，按右键，再按左键选中❷号物体，按右键，完成布尔运算。删除物体❶，可以得到图6.3.5.3所示的物体。

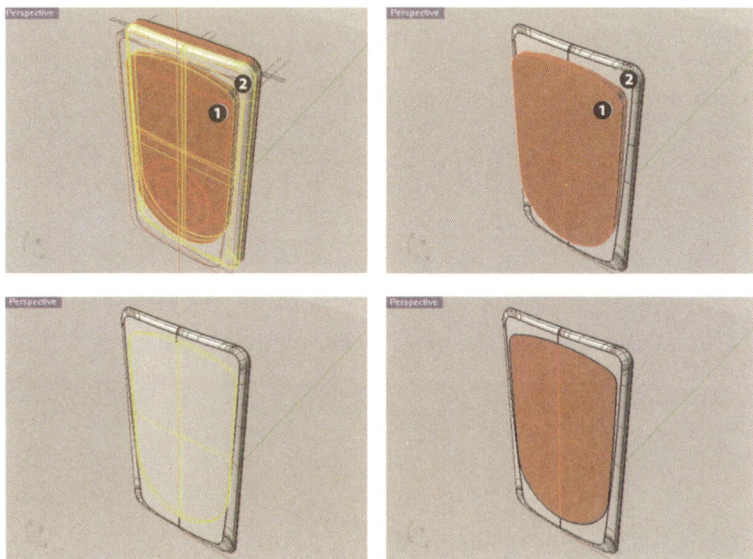

图6.3.5.3 布尔运算完成后的实体

Step4:

新建图层，命名为"中间主体物"，颜色设为灰色。把中间那块布尔出来的形移到这个新建的图层上。如图6.3.5.4所示。

Step5:

制作显示屏，选择线拉伸（挤出封闭的平面曲线）工具 🔳 进行拉伸，选中图6.3.5.5左下图的黄线，挤出距离为20 mm。选中❶、❷号物体，长按 💡 中的 💡，隐藏未选中物体与其他部分。采用与第3步同样的方法进行布尔运算分割 🔳 ，得到显示屏的

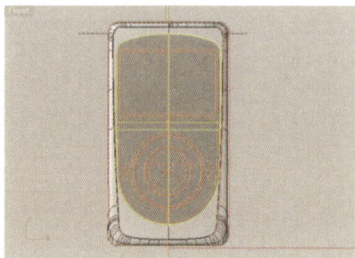

图6.3.5.4 新建图层

玻璃面模型。新建图层，命名为"玻璃"，颜色设为蓝色█。把中间那块布尔出来的形移到这个新建的图层上。如图6.3.5.5所示。

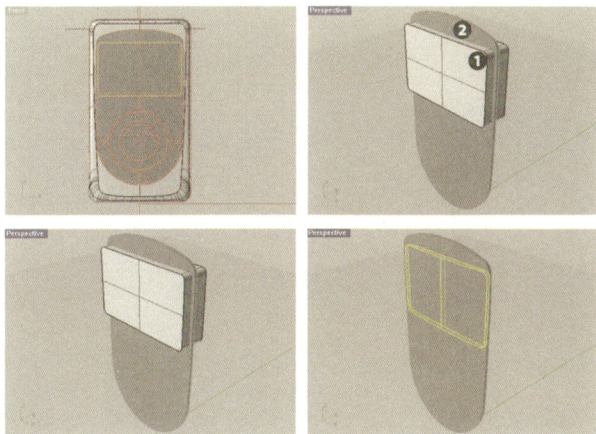

图6.3.5.5 制作显示屏

Step6:

选中玻璃物体，长按💡中的💡，隐藏未选中物体与其他部分，在原位复制一个，再隐藏一个。把显示的这个玻璃物体炸开⚡，删除其他部分，只剩后面一个面，新建层"屏幕贴图"，把这个面移到新层去。这个面将在渲染的时候被用来显示屏幕贴图。

然后把刚才隐藏的玻璃屏显示，对其进行如下导角处理，导角半径为0.1mm。如图6.3.5.6所示。

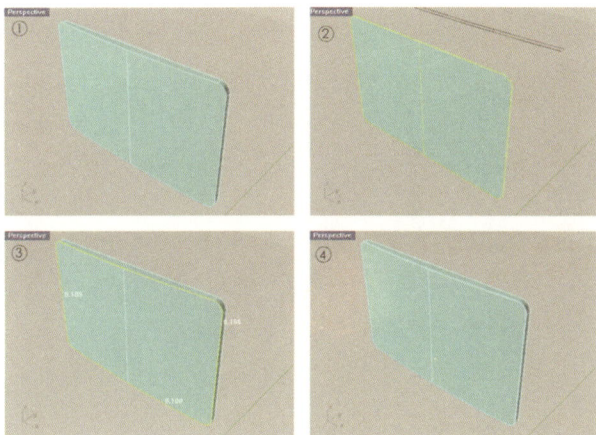

图6.3.5.6 玻璃物体处理

Step7:

选择中间的灰色主体物和有关操控面板的线框，图6.3.5.7中黄色部分显示为已经被选中的物体。长按💡中的💡，隐藏未选中物体，隐藏其他部分，如图6.3.5.8所示。

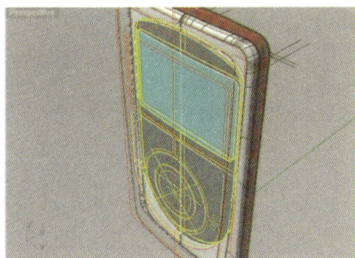

图6.3.5.7　已被选中物体

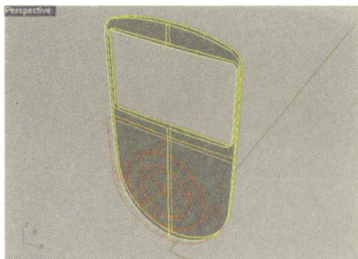

图6.3.5.8　隐藏未选中部分

Step8:

把显示的"中间主体物"炸开 ，选中前面的一个面，向前偏移0.05mm，然后把"中间主体物"结合回去 ，然后将其隐藏。选中操控面板的轮廓线，按 选择投影工具，把轮廓线投影到这个面上。然后我们用修剪工具 处理主体物的内轮廓线，再去修剪主体物前面的一个面。最后用左键点击 ，显示物体。如图6.3.5.9所示。

图6.3.5.9　控制面板轮廓线设置

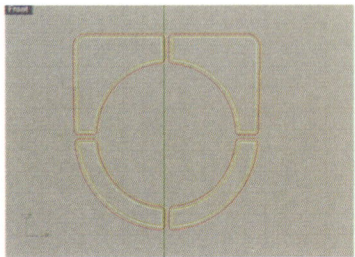

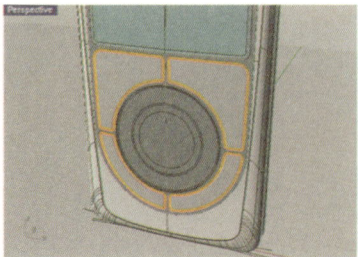

Step9:

将操控面板的轮廓线向内偏移0.8mm，用同样的方法，将偏移出来的线，投影到刚剪切出来的形上，对其进行分割处理 ，然后将外面的部分，新建一个层。如图6.3.5.10所示。

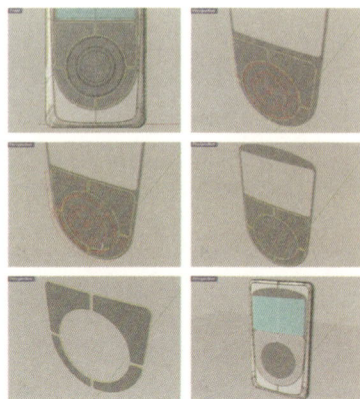

图6.3.5.10　新建一个层

6.3.6　制作控制区中心按键

Step1:

选中控制按键区的线框，新建层，命名为"控制区按键"，把颜色改为 ，然后把新建的图层设为当前图层，隐藏其他图层，如图6.3.6.1所示。

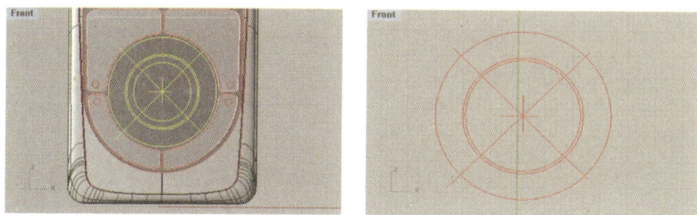

图6.3.6.1　新建控制区按键层并隐藏其他图层

图6.3.6.2中黄色部分显示为已经被选中的物体，长按💡中的🔧隐藏未选中物体，隐藏其他部分。

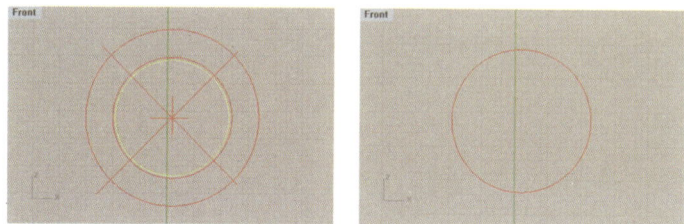

图6.3.6.2　隐藏未被选中物体

Step2:

将图6.3.6.3的轮廓线向内偏移1mm，把偏移出来的线向前移一个单位。

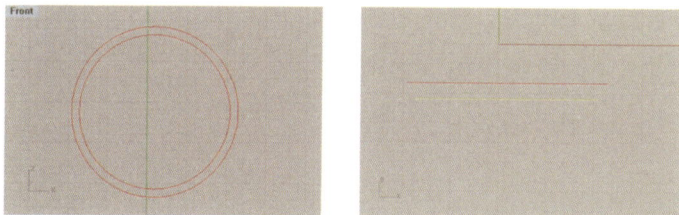

图6.3.6.3　移动轮廓线

Step3:

打开捕捉工具，选中"中心点"和"四分点"，如图6.3.6.4所示。选择多重直线工具🔺，首先以❶号圆的圆心为中心，连接❷号圆的一个四分点，再平行连接❶号圆的一个四分点，如图6.3.6.5所示。

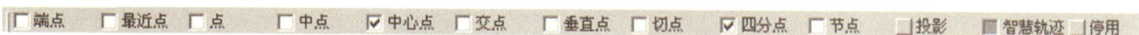

图6.3.6.4　选中中心点和四分点

┌ 端点　┌ 最近点　┌ 点　┌ 中点　☑ 中心点　┌ 交点　┌ 垂直点　┌ 切点　☑ 四分点　┌ 节点　　□ 投影　■ 智慧轨迹 □ 停用

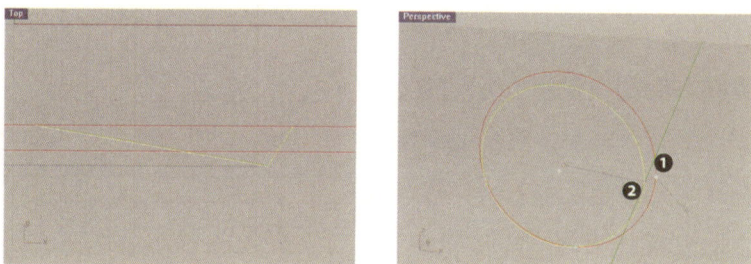

图6.3.6.5　利用多重直线工具连接

Step4:

选择导角工具 ⌐，对刚才画的线的转折处做导角处理，导角半径为1.0mm。如图6.3.6.6所示。

Step5:

用 🧩 把这条线结合起来。选中这条线，按F10，开启控制点，也可以用 🖐。之后调节控制点，如图6.3.6.7所示。此时注意❶点和❷点需在一条平行线上。如图6.3.6.8所示。

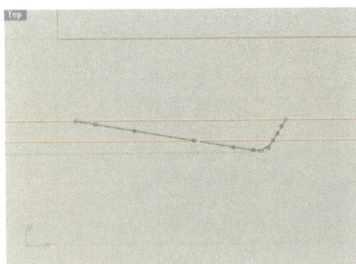
图6.3.6.6　利用导角工具对转折处进行处理

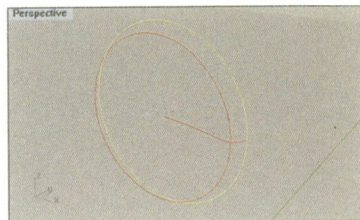
图6.3.6.7　调节控制点

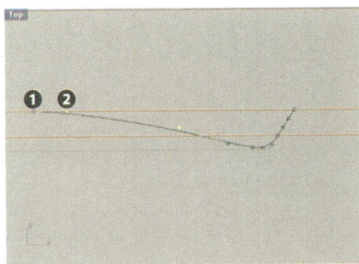
图6.3.6.8　❶❷需在一条平行线上

Step6:

选择单轨扫描工具 ✐，根据指令提示来操作。首先选择路径，然后选择断截面，也就是我们刚才调整的线条，如图6.3.6.9所示。此时会跳出对话框，如图6.3.6.10，点确定，可以得到以下物体，如图6.3.6.11所示。

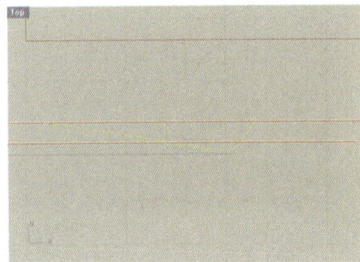
图6.3.6.9　选择断截面

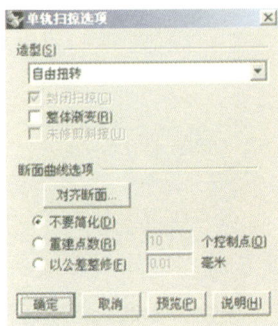
图6.3.6.10　确定对话框

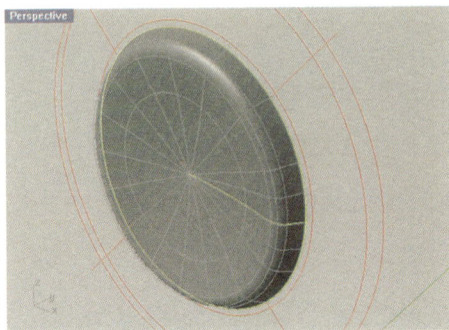
图6.3.6.11　得到的效果

Step7:

选中图6.3.6.12黄色显示的这条线，利用线拉伸（挤出封闭的平面曲线）工具 🟦 进行拉伸，挤出距离为5mm。然后把刚拉伸出来的实体，将其炸开，然后把其与前面这个盖子结合起来 🧩，使其形成一个实体，如图6.3.6.13所示。

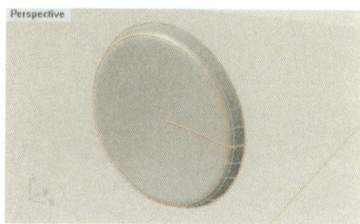

图6.3.6.12　利用线拉伸工具拉出实体

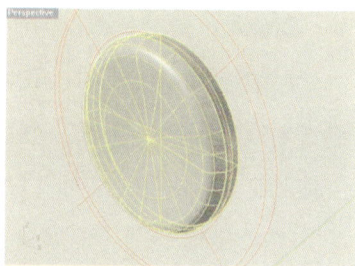

图6.3.6.13　合为一个实体

6.3.7　制作控制区外圈按键

Step1：

右键击 💡 显示隐藏物体，选中右图黄色显示的两个圆圈，长按 💡 中的 🔧，隐藏未选中物体，隐藏其他部分。如图6.3.7.1所示。

Step2：

选中这两个圆圈，各复制一份。内圈往前移动一个1mm，外圈往前移动2mm。如图6.3.7.2所示。

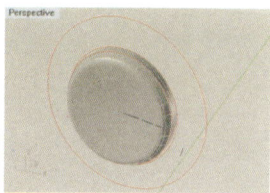

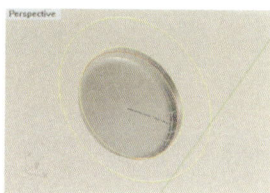

图6.3.7.1　选中物体并隐藏未选中部分

图6.3.7.2　移动内外圈

Step3：

选择loft工具 🔧，按顺序选中这四个圆圈，可以得到下面的曲面，如图6.3.7.3/4所示。

图6.3.7.3　选中四个圆圈

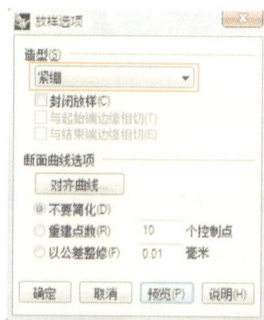

图6.3.7.4　数值设定及呈现效果

Step4:

再次选择loft工具 ，按顺序选中中间的两个圈，按右键确定。生成里面的一个面，然后选择结合工具 ，**❶**、**❷**面结合起来使其形成一个实体，如图6.3.7.5所示。

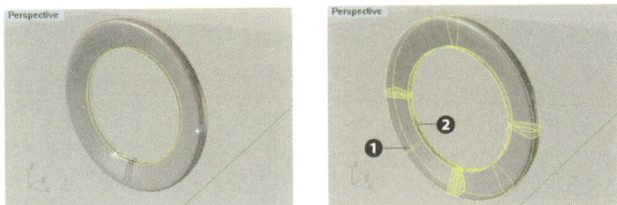

图6.3.7.5 使用loft工具与结合工具

Step5:

对图6.3.7.6中显示的黄边进行导角 ，导角半径为0.2mm。

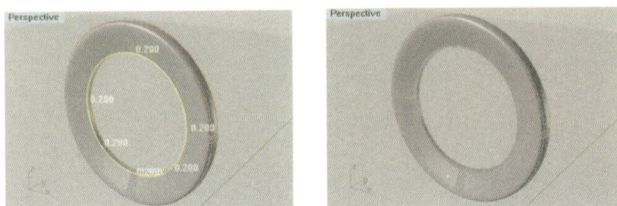

图6.3.7.6 导角及其效果

Step6:

右键击 显示隐藏物体，显示隐藏物体， 如图6.3.7.7所示。

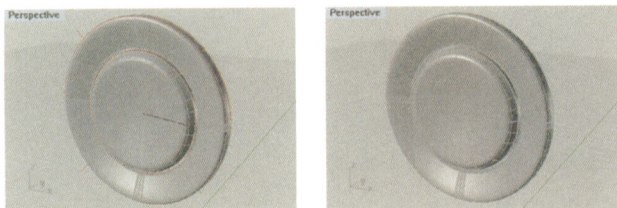

图6.3.7.7 显示隐藏物体

6.3.8 控制区按键细节处理

Step1:

选中一条线，向左右各偏移 0.25mm，把端点捕捉打开，用直线工具连接线的两端。如图6.3.8.1所示。

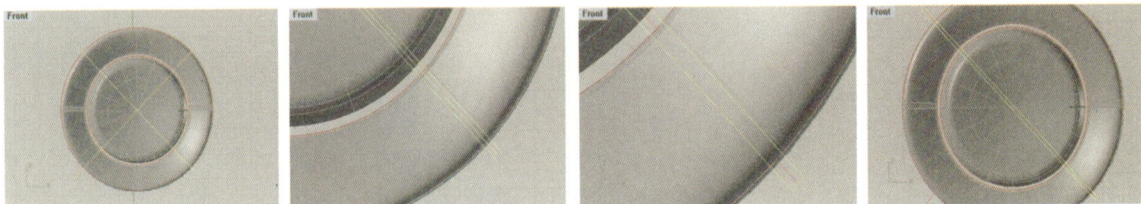

图6.3.8.1 用直线工具连接线的两端

Step2:

选中刚才做好的这条封闭曲线，利用线拉伸（挤出封闭的平面曲线）工具 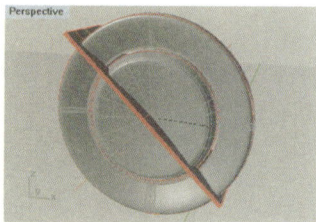 进行拉伸，挤出距离为13mm，然后把拉伸出来的物体往前移一点。如图6.3.8.2所示。打开捕捉工具的中心点捕捉工具，以圆心为对称点，做180度镜像，如图6.3.8.3所示。

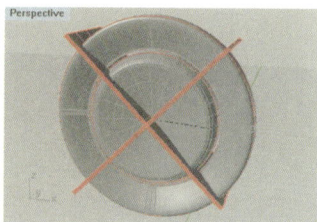

图6.3.8.2 前移物体

图6.3.8.3 做180度镜像

Step3:

选中上一步制作好的两个物体，各复制一个，如图6.3.8.4所示。用布尔运算差集命令 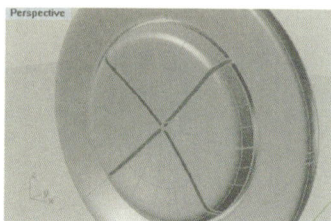，分割控制区中心按钮，效果如图6.3.8.5所示。

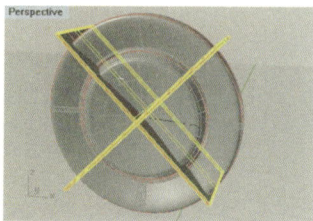

图6.3.8.4 复制两物体

图6.3.8.5 分割中心按钮

Step4:

用布尔运算分割工具 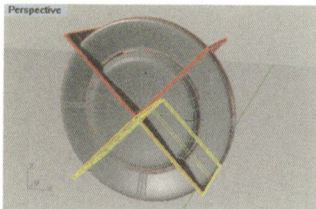，将中间的两个物体互相分割，如图6.3.8.6 所示。

Step5:

如图6.3.8.7所示，根据提示符来操作，选择❸号物体，按右键，选择❶、❷物体按右键。

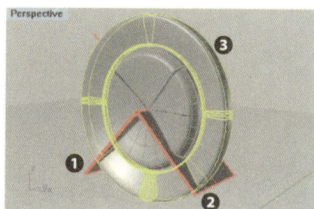

图6.3.8.6 分割物体

图6.3.8.7 按钮细部制作

Step6:

布尔运算后的效果，如下图左上第一幅所示。然后将其导角，对图6.3.8.8中显示的黄边进行导角 ，导角半径为0.1mm。

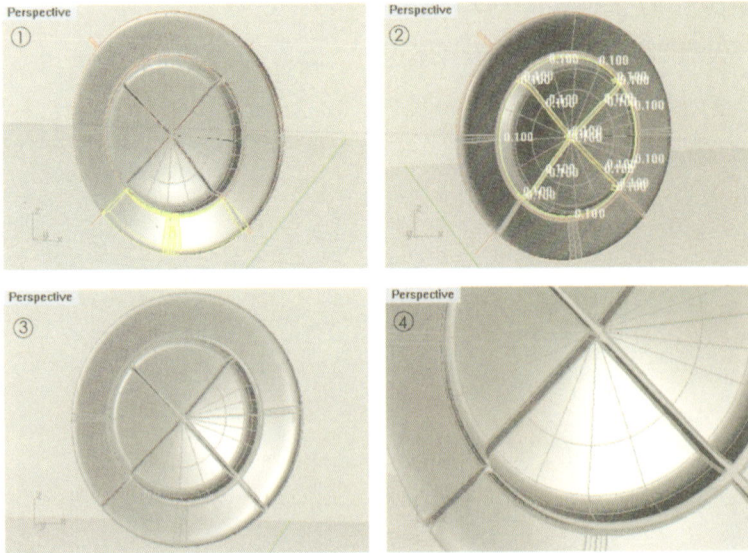

图6.3.8.8　细部导角

这样，用Rhino制作手持医疗终端的模型就制作完成了，效果如图6.3.8.9所示。初学者可能会觉得不适应，需要平时多做练习。

图6.3.8.9　完成后的手持医疗终端模型

6.4 借助Rhino软件建草模，进行深入细节的设计方法训练

作为产品设计的初学者，平时在进行手绘练习时，经常会碰到对空间的认识不足，产品的三维形态很难在脑海中再现等问题。也许我们最初的想法是很虚无、很不切实际的，甚至连自己都很难把握。但借助Rhino软件，我们可以很好地把想法通过建草模的方式，实现想法成型后的状态，甚至可以进行360度三维旋转，观察其在空间中的状态，观察其各个零部件的构成和比例关系。因为我们最开始在电脑里三维模拟试验的时候，只是最初的想法，因此建模也只是初步的建模。由于没有仔细考虑细节和结构，只是寻找一种更加具体的形态，因此，我们可以将其理解为建草模。

我们在最初的概念设计阶段一般步骤如下：

最初构思——建草模试验——截图在Photoshop里把各个角度的产品草模集中在一张或几张纸内——打印输出——输出到纸上，在原来的大体形态上，再思考推敲——草图定稿——进行Rhino建模——3DMAX渲染——Photoshop进行渲染图的最后处理。

下面我们将对"最初构思——建草模试验——截图在Photoshop里把各个角度的产品草模集中在一张或几张纸内——打印输出——输出到纸上，在原来的大体形态上，再思考推敲——草图定稿"这个环节进行示范。

6.4.1 医院数字医疗终端概念设计示例

下面我们将对一个"医院数字医疗终端"进行一个概念设计示例。

Step1：

图6.4.1.1是建草模试验阶段，挑了几个角度，截图在Photoshop里把各个角度的产品草模排版在一张纸内，将对其进行细节深入。这样比较容易深入，在大形定下来的基础上，可以把注意力集中到对内部的详细设计上。

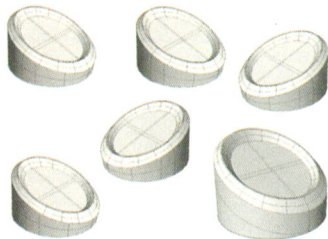

图6.4.1.1　各个角度的草模

Step2:

在大形定下来的基础上，对其内部细节可能出现的形态进行思考，并在大形的打印稿上进行手绘。其实在平时手绘设计表现时，表现手段有很多，关键是要清楚地表达想法，最快最直接地表现设计意图。图6.4.1.2/3是示范图例。

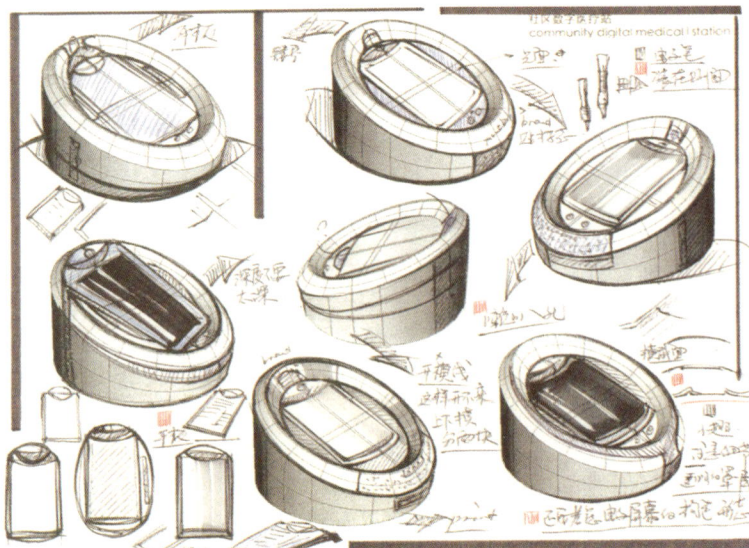

图6.4.1.2　示范图例

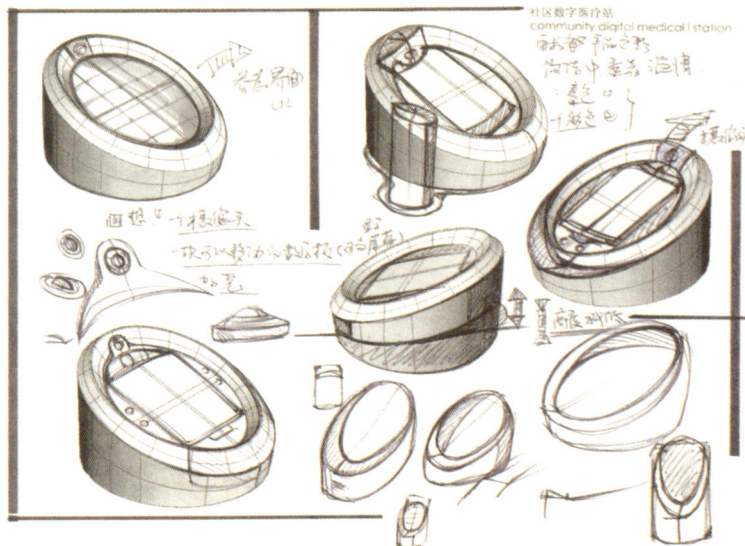

图6.4.1.3　示范图例

Step3:

图6.4.1.4/5是"Rhino建模+3D渲染+Photoshop处理"所处理出来的图，是"医院数字医疗终端"的概念设计效果图，是从上面几个步骤进行过来的，供大家参考。

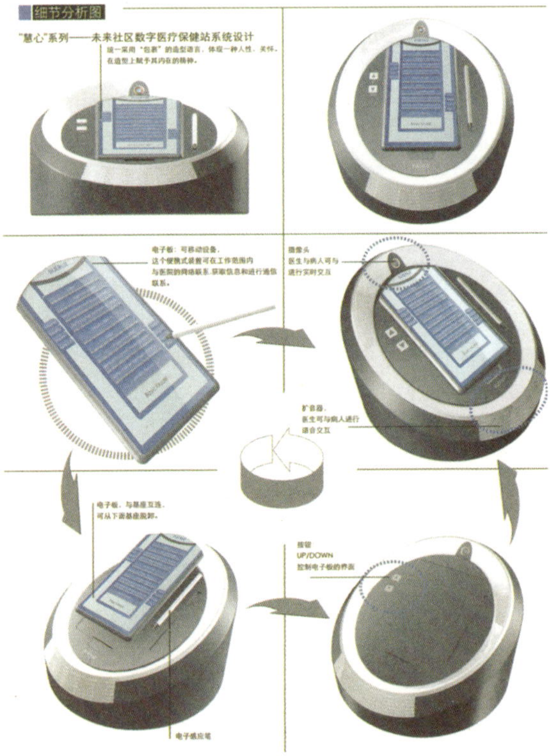

图6.4.1.4 效果图

图6.4.1.5 效果图

6.4.2 自助医疗机概念设计示例

"自助医疗机"概念设计示例，步骤同上。如图6.4.2.1—
图6.4.2.5，是借助犀牛软件建草模，进行深入细节的设计方法
示例。图6.4.2.6—图6.4.2.9为概念效果图，从上面几个步骤进
行过来的，供大家参考。

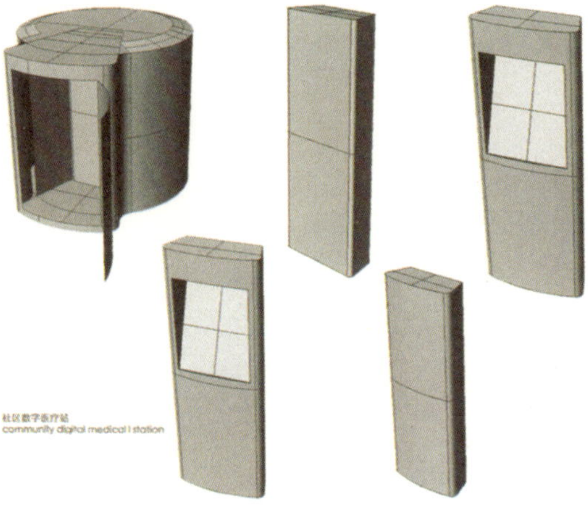

图6.4.2.1 自助医疗机草模

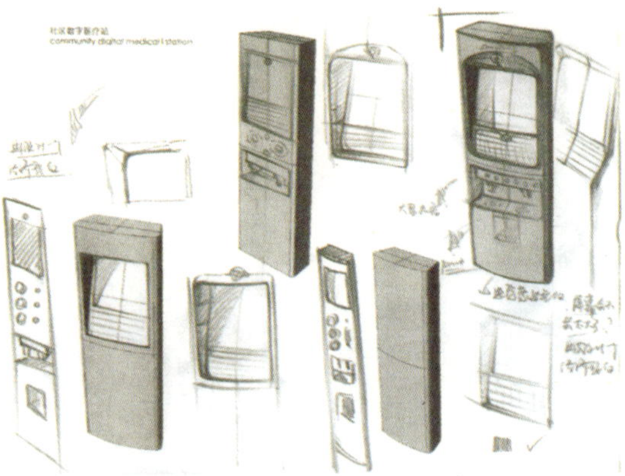

图6.4.2.2 自助医疗机草模

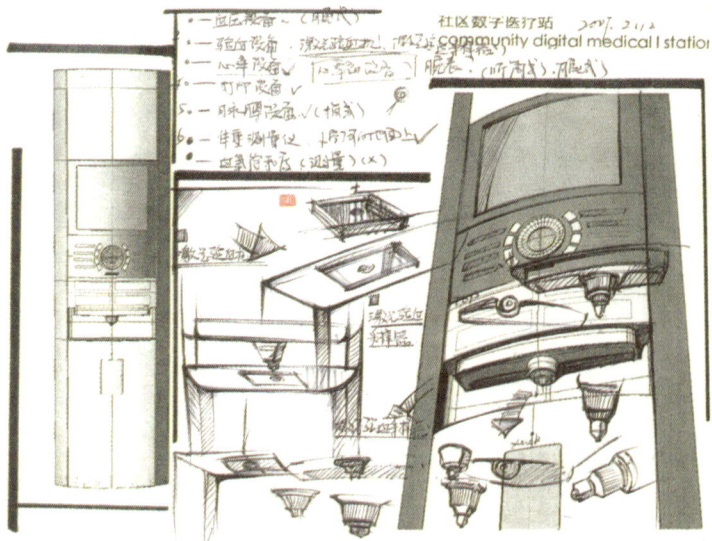

图6.4.2.3　自助医疗机草模

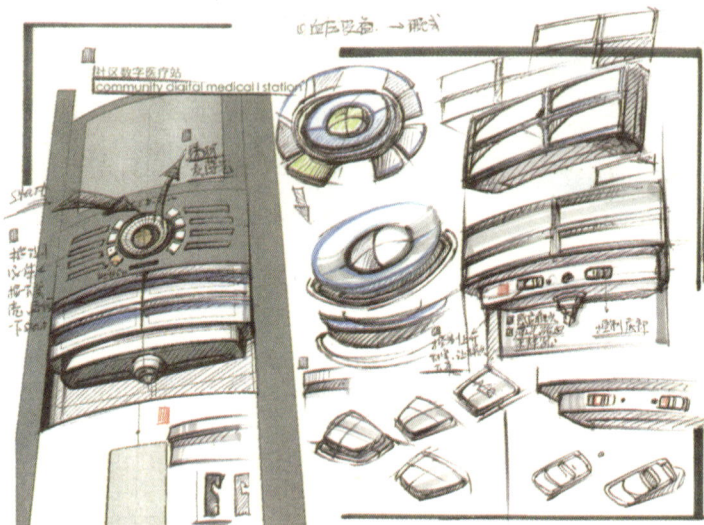

图6.4.2.4　自助医疗机草模

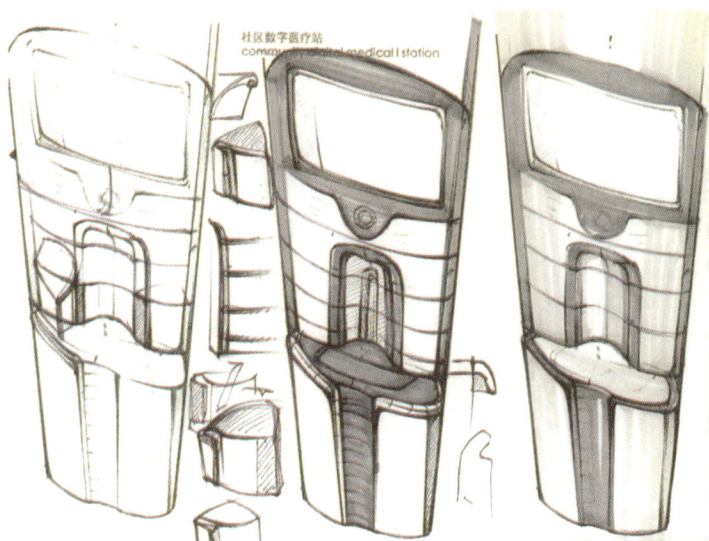

图6.4.2.5　自助医疗机草模

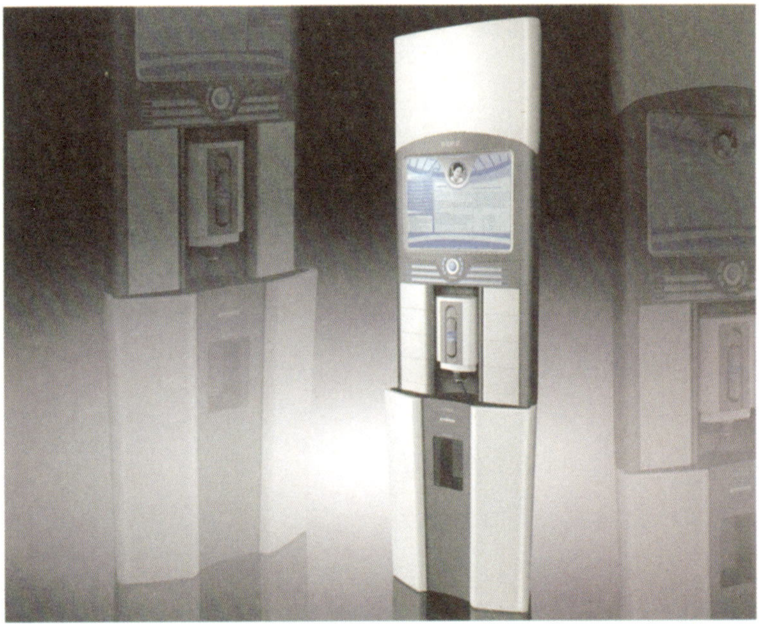

图6.4.2.6 效果图

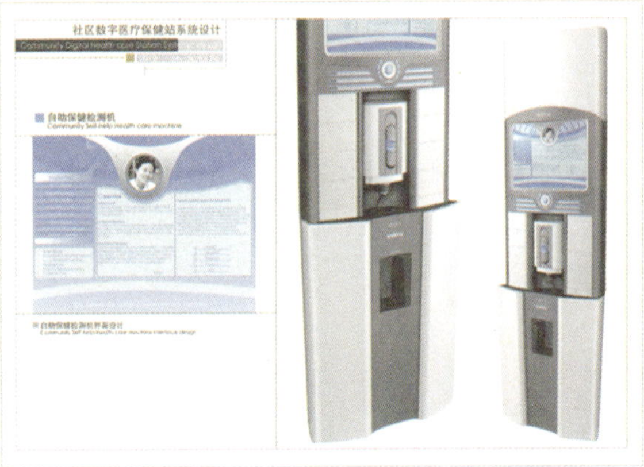

图6.4.2.7 效果图

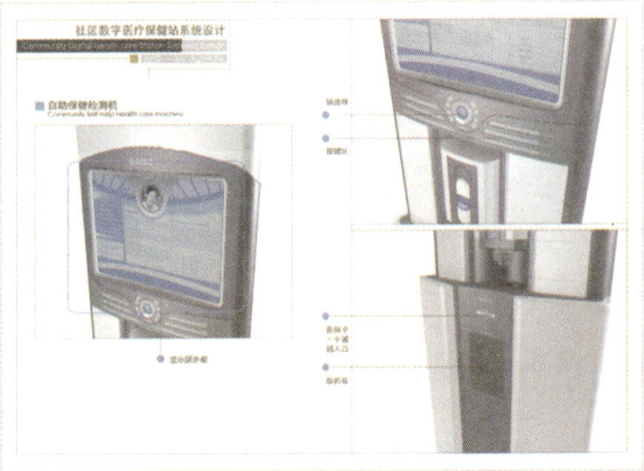

图6.4.2.8 效果图

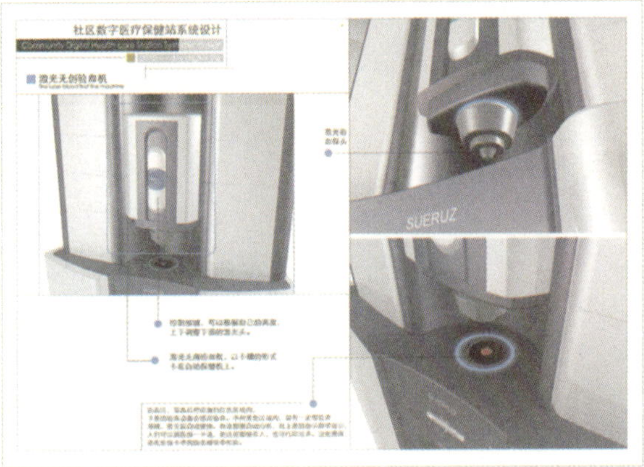

图6.4.2.9 效果图

第七章 3ds max在工业设计中的应用

3ds max是由Autodesk公司旗下的Discreet公司推出的三维动画制作软件，它是当今世界上最流行的三维建模、动画制作及渲染软件之一，被广泛应用于工业设计的三维渲染阶段，成为概念设计中设计表现不可缺少的一部分。

7.1 3ds max 7.0的基础知识

7.1.1 3ds max 7.0界面和布局

3ds max 7.0的布局，主要有菜单栏、主工具栏、浮动工具栏，命令面板、状态栏、时间和动画控制、视图、视图控制和四元菜单。

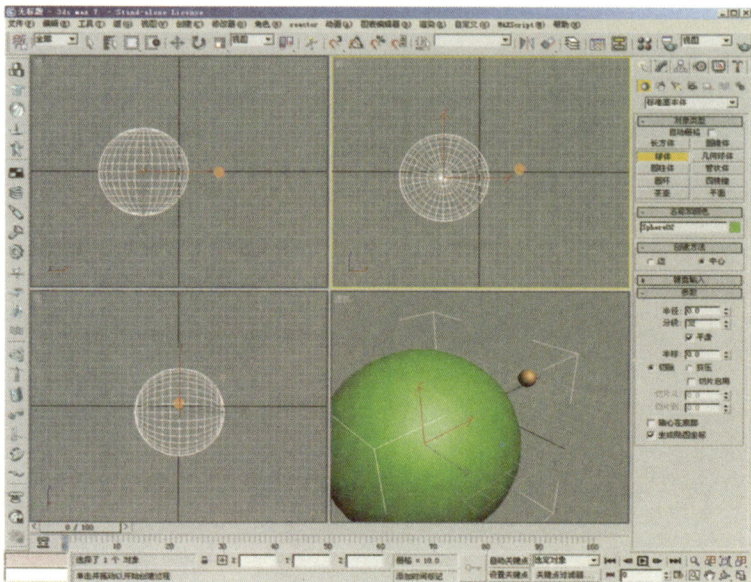

图7.1.1 3ds max 7.0界面

7.1.2 菜单栏

3ds max 7.0的标准菜单栏中包括文件、编辑、工具、组、视图、创建、修改器、角色、reactor、动画、图表编辑器、渲染、自定义、MAXScript和帮助。

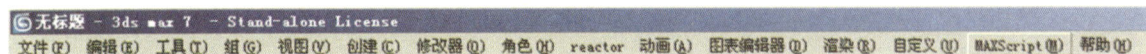

图7.1.2　菜单栏

7.1.3 主工具栏

3ds max中的很多命令可由工具栏上的按钮来实现。通过主工具栏可以快速访问3ds max中很多常见任务的工具和对话框，其中包括撤销、重做、选择并链接、取消链接选择、绑定到空间扭曲、选择过滤器列表、选择对象等31个功能按钮。

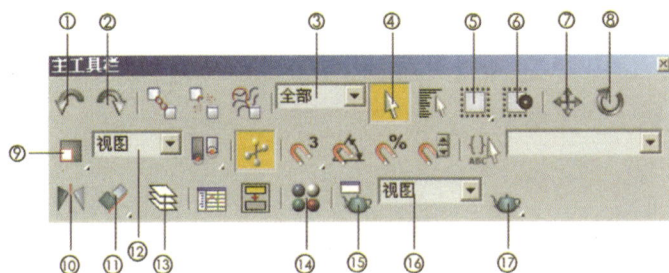

图7.1.3　主工具栏

(1) 撤销

【撤销】按钮可取消上一次操作的效果。用鼠标右键单击【撤销】工具按钮将显示最近操作的列表，从中可以选择撤销的层级。在【编辑】菜单上也显示了撤销功能的名称。默认情况下，撤销操作有20个层级，可以在【自定义】—【首选项】—【常规选项卡】—【场景撤销】命令中更改层级数。

(2) 重做

【重做】按钮可取消上次撤销操作。在【编辑】菜单中会显示要重做的功能的名称。用鼠标右键单击【重做】按钮会显示最近操作的列表，从中可以选择重做的层级。必须连续选择，不能跳过列表中的任何项。

(3) 选择过滤器

"选择过滤器"下拉列表可以限制选择工具、选择对象的类型和组合。如果选择"摄影机",则使用选择工具只能是摄影机,其他对象不响应。在需要选择特定类型的对象时,这是冻结所有其他对象的实用快捷方式。使用下拉列表还可选择多个过滤器,从下拉列表中选择"组合",可通过"过滤器组合"对话框使用多个过滤器。

(4) 选择对象

【选择对象】可用于选择一个或多个操控对象。对象选择受活动的选择区域类型、活动的选择过滤器、交叉选择工具的状态的影响。

(5) 选择区域

【选择区域】按钮可用于按区域选择对象,有五种方式:矩形、圆形、围栏、套索和绘制。对于前四种方式,可以选择完全位于选择区域中的对象(窗口方法),也可以选择位于选择区域内或与其触及的对象(交叉方法)。使用主工具栏上的【窗口 / 交叉选择】按钮,可在窗口选择和交叉选择方法之间进行切换。如果在指定区域时按住【Ctrl】键,则影响的对象将被添加到当前选择中;反之,在指定区域时按住【Alt】键,影响的对象将从当前选择中移除。

(6) 窗口 / 交叉选择

【窗口 / 交叉选择】按钮可以在窗口和交叉模式之间进行切换。在窗口模式中,只能对选择区域内的对象进行选择。在交叉模式中,可以选择区域内的所有对象,以及与区域边界相交的任何对象,对于子对象选择也是如此。如果进行的是"面"子对象的选择,并且选择的面数超出了所需的面数,请确保交叉模式处于禁用状态,而窗口模式处于启用状态。

(7) 选择并移动

【选择并移动】按钮可以选择并移动对象,要移动单个对象,无须先选择【选择并移动】按钮。当该按钮处于活动状态时,单击对象进行选择,拖动鼠标以移动该对象。要将对象的移动限制到X、Y、Z轴或者任意两个轴,请单击"轴约束"工具栏上的相应按钮或使用"变换Gizmo",或用鼠标右键单击对象从【变换】子菜单中选择约束。

(8) 选择并旋转

【选择并旋转】按钮可以选择并旋转对象，要旋转单个对象，无须先选择该按钮。当该按钮处于活动状态时，单击对象进行选择，拖动鼠标以旋转该对象。围绕一个轴旋转对象时(通常情况如此)，不要旋转鼠标以期望对象按照鼠标运动来旋转，只要直上直下地移动鼠标即可。朝上旋转对象与朝下旋转对象方式相反。要限制围绕XYZ、Z轴或者任意两个轴的旋转，请单击"轴约束"工具栏上的相应按钮，或使用"变换Gizmo"，或用鼠标右键单击对象并从【变换】子菜单中选择约束。

(9) 选择并缩放

【选择并缩放】按钮用于访问更改对象大小的三种工具。按从上到下的顺序，这些工具依次为：选择并均匀缩放、选择并非均匀缩放和选择并挤压。

使用【选择并均匀缩放】按钮可以沿三个轴向以相同量缩放对象，同时保持对象的原始比例。使用【选择并非均匀缩放】按钮可以根据活动轴约束以非均匀方式缩放对象。"选择并挤压"工具可用于创建卡通片中常见的"挤压和拉伸"样式动画的不同相位，使用"选择并挤压"工具可以根据活动轴约束来缩放对象，挤压对象势必牵涉在一个轴上按比例缩小，同时在另两个轴上均匀地按比例增大。

(10) 镜像

【镜像】按钮可以调出"镜像"对话框，使用该对话框可以在镜像一个或多个对象的方向时，移动这些对象。"镜像"对话框还可以用于围绕当前坐标系的中心，镜像当前选择。使用"镜像"对话框可以同时创建克隆对象。

(11) 对齐

【对齐】按钮提供了六种不同对齐对象的工具。按从上到下的顺序，这些工具依次为对齐、快速对齐、法线对齐、放置高光、对齐摄影机和对齐到视图。

(12) 层管理器

【层管理器】按钮可以创建和删除层的无模式对话框，也可以查看和编辑场景中所有层的设置以及与其相关联的对象。使用"层"对话框，可以指定光能传递解决方案中的名称、可见性、渲染性、颜色及对象和层的包含。

(13) 材质编辑器

【材质编辑器】按钮用于打开3ds max的材质编辑器，以创建和编辑材质及贴图。材质可以在场景中创建更为真实的效果，材质可以描述对象反射或透射灯光的方式，材质属性与灯光属性相辅相成，着色或渲染将两者合并，用于模拟对象在真实世界中的情况。用户可以将材质应用到单个的对象或选择集，一个场景可以包含许多不同的材质。

(14) 渲染场景

【渲染场景】按钮用于打开"渲染场景"对话框，该对话框具有多个面板，面板的数量和名称因渲染器而异。"公用"面板包含所有渲染器的主要控制，比如是渲染静态图像还是动画、设置渲染输出的不同分辨率等。"渲染器"面板包含当前渲染器的主要控件。"渲染元素"面板用于将各种图像信息渲染到单个图像文件，在使用合成、图像处理或特殊效果软件时，该功能非常有用。

(15) 渲染类型

"渲染类型"下拉列表可以指定将要渲染的场景范围。

(16) 快速渲染

按钮可以使用当前渲染设置来渲染场景，而无须显示"渲染场景"对话框。用户可以在"渲染场景"对话框的"公用"面板的"指定渲染器"卷展栏上指定要用于渲染的渲染器。

7.1.4 命令面板

命令面板由六个用户界面面板组成，其中包括创建面板、修改面板、层次面板、运动面板、显示面板和工具面板。使用这些面板可以访问3ds max的大多数建模功能以及一些动画功

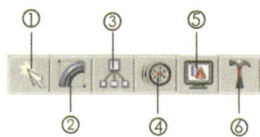

图7.1.4　命令面板

能、显示选择和其他工具。

(1) "创建"面板

单击 按钮进入"创建"面板，其中提供用于创建对象的控制，这是在3ds max中构建新场景的第一步。很可能要在整个项目过程中持续添加对象。创建面板将所创建的对象分为七个类别，其中包括几何体、图形、灯光、摄影机、辅助对象、空间扭曲对象和系统。每一个类别有自己的按钮，每一个类别内可能包含几个不同的对象子类别。使用下拉列表可以选择对象子类别，每一类对象都有自己的按钮，单击该按钮即可开始创建。

(2) "修改"面板

单击 按钮进入"修改"面板，通过3ds max的"创建"面板，可以在场景中放置一些基本对象，包括3D几何体、2D形状、灯光和摄影机、空间扭曲及辅助对象。这时，可以为每个对象指定一组自己的创建参数，该参数根据对象类型定义其几何和其他特性。放到场景中后，对象将携带其创建参数，用户可以在修改面板中更改这些参数。通过单击另一个命令面板的选项卡将其消除，否则修改面板将一直保留在视图中。当选择一个对象时，面板中选项和控制的内容会更新，这时只能访问该对象所能修改的内容。可以修改的内容取决于对象是几何基本体(如球体)，还是其他类型对象(如灯光或空间扭曲)。每一类别都拥有自己的修改范围。"修改"面板的内容始终特定于类别及决定的对象。从"修改"面板进行更改之后，可以立即看见传输到对象的效果。

(3) "层次"面板

单击 按钮进入"层次"面板，通过"层次"面板可以访问用来调整对象间层次链接的工具。通过将一个对象与另一个对象相链接，可以创建父子关系。应用到父对象的变换同时将传递给子对象。通过将多个对象同时链接到父对象或子对象，可以创建复杂的层次。"层次"面板分为"轴"、"IK"、"链接信息"。

(4) "运动"面板

单击 按钮进入"运动"面板，"运动"面板提供用于调整选定对象运动的工具，还提供了轨迹视图的替代选项，用来指定动画控制器。如果指定的动画控制器具有参数，则在运动面板中显示其他卷展栏。如果路径约束指定给对象的位置轨迹，则"路径参数"卷展栏将添加到运动面板中。链接约束，显示"链接参数".卷展栏，位置XYZ控制器，显示"位置XYZ参数"卷展栏等。

(5) "显示"面板

单击 按钮进入"显示"面板，通过"显示"面板可以查看场景中控制对象的显示方式。使用"显示"面板可以隐藏和取消隐藏、冻结和解冻对象、改变其显示特性、加速视图显示，以及简化建模步骤。

(6) "工具"面板

单击 按钮进入"工具"面板，使用"工具"面板可以访问各种工具程序。3ds max将工具作为插件提供，因为一些工具由第三方开发商提供，所以3ds max的设置中可能包含某些未加以说明的工具，可通过选择帮助，查找描述这些附加插件的文档。

7.1.5 视图和视图控制

视图和视图控制是用户与计算机交流非常重要的部分，控制好视图会提高我们制作的工作效率。

视图

启动3ds max之后，主屏幕包含四个同样大小的视图。透视视图位于右下部，其他三个视图的相应位置为顶部、前部和左部。默认情况下，透视视图"平滑"并"高亮显示"。用户可以选择在这四个视图中显示不同的视图，也可以在视图中单击鼠标右键，在弹出的快捷菜单中选择不同的布局。

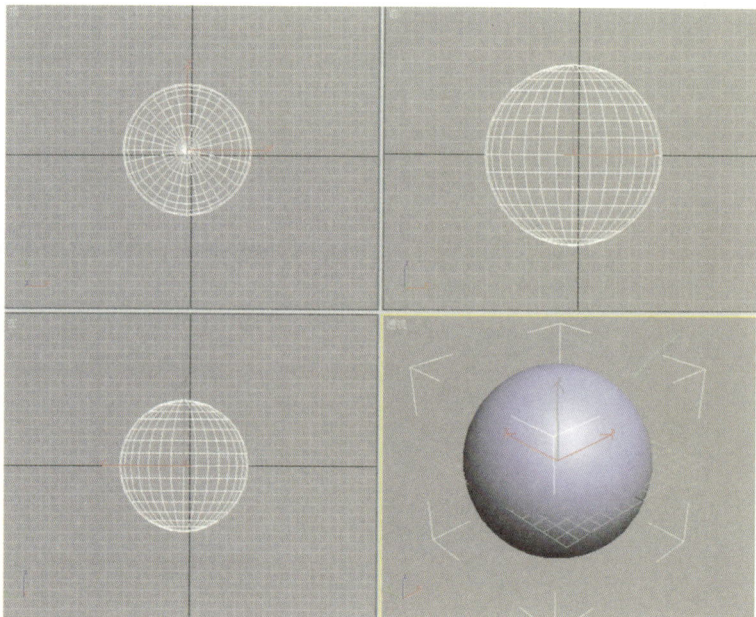

图7.1.5.1 标准视图布局

视图控制

3ds max界面右下角的部分按钮用来控制视图显示和导航的，还有一些按钮针对摄影机和灯光视图进行更改，视野按钮是针对透视视图进行更改的。如图7.1.5.2所示。下面将对这些按钮命令进行详细介绍。

(1) 🔍 缩放视图

当在透视或正交视图中进行拖动时，使用缩放视图工具可调整视图的缩放值。默认情况下，使用鼠标指针进行缩放。

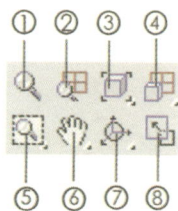

图7.1.5.2 视图控制

(2) 缩放所有视图

可以同时调整所有透视和正交视图中的视图缩放值。默认情况下，缩放所有视图将放大或缩小视图的中心。

(3) 最大化显示 / 最大化显示选定对象

最大化显示将所有可见的对象在活动透视或正交视图中居中显示。最大化显示选定对象将选定的对象或对象集在活动透视或正交视图中居中显示。

(4) 所有视图最大化显示 / 所有视图最大化显示选定对象

最大化显示按钮在所有视图中均处于可用状态。该弹出按钮有两个选项，所有视图最大化显示将所有可见对象在所有视图中居中显示。当希望在每个可用视图的场景中看到各个对象时，该控件非常有用。所有视图最大化显示选定对象将选定对象或对象集在所有视图中居中显示，当要浏览的小对象在复杂场景中丢失时，该控件非常有用。

(5) 🔍缩放区域

可放大在视图内拖动的矩形区域。仅当活动视图是正交、透视或用户三向投影视图时，该控件才可用。该控件不可用于摄影机视图。在右键单击或选择另一个命令之前，缩放区域按钮一直处于活动状态。

(6) ✋平移视图

可以在与当前视图平面平行的方向移动视图。

(7) ⊕⊕⊕ 弧形旋转、弧形旋转选定对象、弧形旋转子对象

弧形旋转使用视图中心作为旋转中心，如果对象靠近视图的边缘，则可能会旋转出视图；弧形旋转选定对象使用当前选择的中心作为旋转的中心，当视图围绕其中心旋转时，选定对象将保持在视图中的同一位置上；弧形旋转子对象时，应使用当前选择子对象的中心作为旋转中心。当视图围绕其中心旋转时，当前选择将保持在视图中的同一位置上。

(8) ⧉最大化视图切换

可在其正常大小和全屏大小之间进行切换。

7.1.6 摄像机控制视图

摄影机视图控制包括推拉摄影机、透视调整等按钮，如图7.1.6所示。

(1) 🔧🔧🔧推拉摄影机、目标或两者

当摄影机视图处于活动状态时，此按钮上的按钮将代替缩放按钮。使用这些按钮可以沿着摄影机的主轴移动摄影机和(或)其目标，移向或移离摄影机所指的方向，自由摄影机沿着

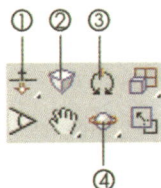

图7.1.6　摄像机控制视图

其深度轴，朝着镜头所指的方向移动。与目标摄影机不同，无论推拉多远，自由摄影机的目标距离仍然保持固定。

(2) ⬦ 透视

对于目标摄影机和自由摄影机，透视执行FOV和推位的组合。透视增加了透视张角量，同时保持场景的构图。

(3) ↻ 侧滚摄影机

围绕其视线旋转目标摄影机，围绕其局部Z轴旋转自由摄影机。

(4) ⊙ ↱ 环游 / 摇移摄影机

使用环游摄影机可围绕目标旋转摄影机。使用摇移摄影机可围绕摄影机旋转目标。

7.2 用3ds max渲染手持医疗终端实例

现在我们用3ds max对前面制作的手持医疗终端模型进行渲染。犀牛拥有功能强大的NURBS建模软件，选择在犀牛里建模会比较便捷。因此，我们一般会选择在犀牛里建模，然后再导入3ds max里渲染。

接下来，要把手持医疗终端的犀牛模型导入到3ds max里。因为3ds max和Rhino的软件格式不同，要对其格式进行转换。

首先，在Rhino软件里打开"医疗手持终端实例.3dm"文件，用鼠标圈选全部模型，让它呈黄色显示，选择[文件(File)/导出选取物件(Export selected)]，在弹出的对话框保存类型中选择iges格式或3ds格式。在文件导出之前，需要在犀牛文件里把模型的各个部件分层。Iges文件导入3ds max是一个整体的NURBS曲面文件，渲染的时候更平滑，但在赋材质阶段会比较麻烦。假如在Rhino里边分层的话，到max后，所有部件都合在一起了，赋材质的时候只能赋一种材质。另外，假如模型的有些部分没导角的话，会出现问题。3ds文件导入3ds max里生成的是Mesh网格，且各个部分是分离的，可以分别赋予不同材质，赋材质会比较方便。但没有iges文件渲染出来的效果平

图7.2.1　导入图形

滑，文件也比iges文件大。

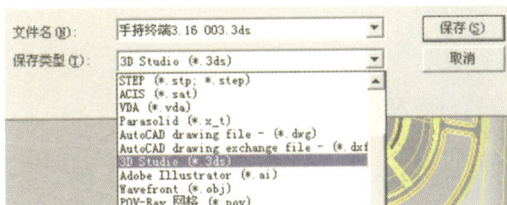

图7.2.2　选择3ds格式

现在选择Rhino模型的".3ds"格式，打开3ds max软件，选[文件(File)/导入(Import)]，导入到3ds max软件里，起名为"医疗手持终端渲染"文件。如图7.2.3所示，按渲染按键 🔘 ，渲染效果如图7.2.4所示。

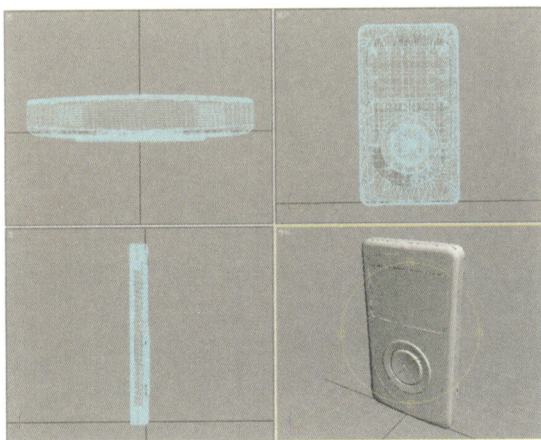

图7.2.3　导入文件

图7.2.4　渲染效果

7.2.1　给各部件赋予材质

选择需要赋材质的部件，点击 ▦ 打开材质编辑器，如图7.2.1.1所示，选择一个材质球 ⬤ ，命名为相应的名字，再在材质类型 **Standard** 上点击，在弹出的选项栏内选Archtectural建筑，如图7.2.1.2所示。再在Templates(模板)下的选项窗口中选Plastic(塑料)，如图7.2.1.3所示。再点击 🔳 ，把这个材质赋予我们选中的机体，如图7.2.1.4所示。点击Diffuse Color旁边的图标 漫反射颜色: ▭ ，在弹出的色彩选项中，把色彩调整成R242、G242、B242 (白色)，如图7.2.1.5/6所示。以上的过程就是给某一个模型赋予材质的基本过程。按照以上步骤和物体渲染的材质、色彩要求，给其余的各部分分别赋予材质。当我们赋予好一个部件以材质的时候，点击鼠标右键，点击"隐藏当前选择(Hide selected)"，如图7.2.1.7，这样就能隐藏已经赋予好材质的物体，便于我们操作，不容易混乱。

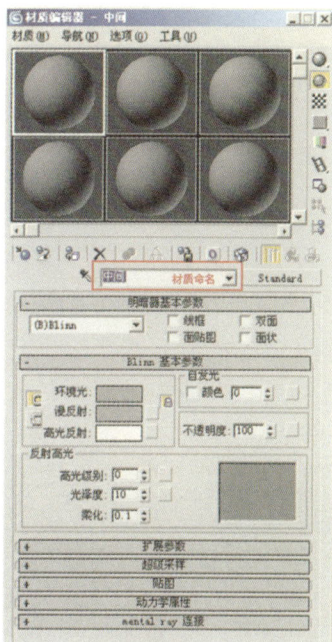

图7.2.1.1　材质编辑器

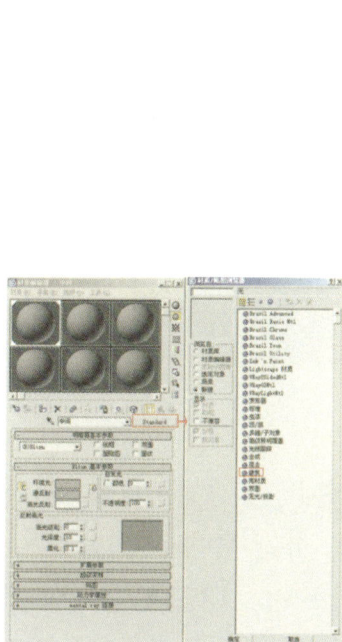

图7.2.1.2　选择建筑

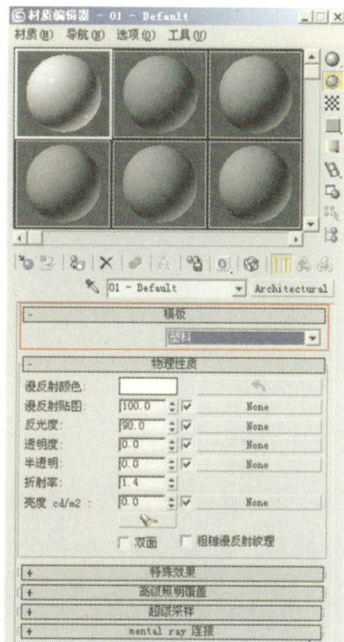

图7.2.1.3　选择塑料

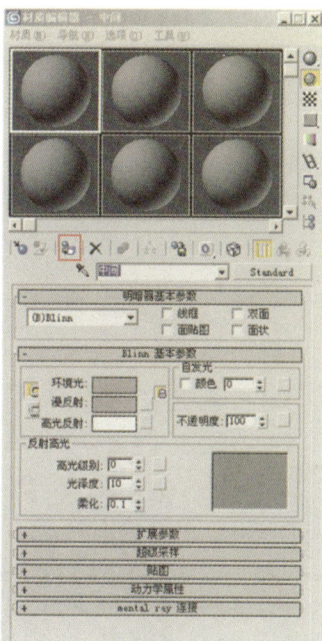

图7.2.1.4　赋予材质

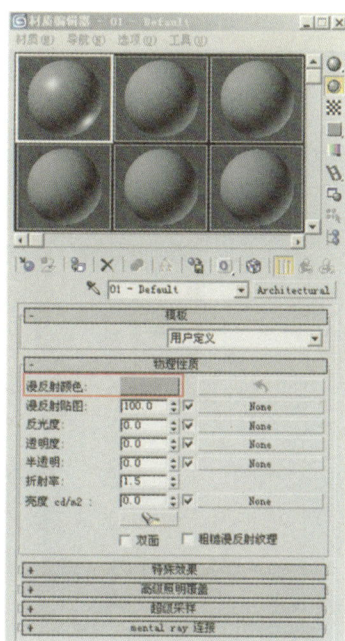

图7.2.1.5　选中漫反射颜色

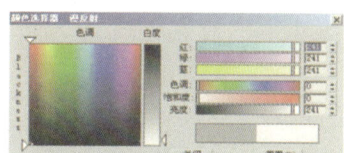

图7.2.1.6　设置数值

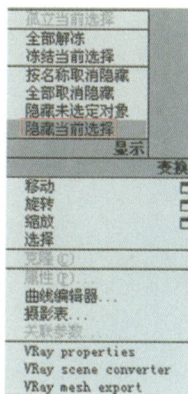

图7.2.1.7　隐藏当前选择

7.2.2　在Illustrator里制作屏幕贴图

给手持医疗终端的显示屏作贴图。在Illustrator里制作屏幕制作贴图的方法在"3.2.5绘制显示屏"章节里有详细讲到，在这里不作展开，用Illustrator软件绘制显示屏效果如下，将其导出为jpg格式，供屏幕贴图使用。

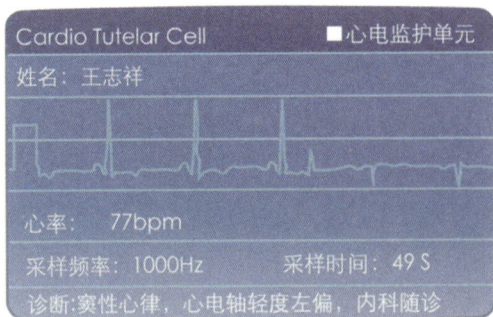

图7.2.2　粘图样式

7.2.3　给模型贴图

贴图做好后，再回到3ds max里来，首先选中屏幕，将其他隐藏，再选分配给屏幕的材质球，并选择Diffuse旁边的None图标，如图7.2.3.1所示。在弹出的选项窗口里选Bimap，如图7.2.3.2所示。在弹出的窗口里选择在Illustrator制作并导出成jpg格式的图片，如图7.2.3.3所示。这样壳体的贴图就赋予好了。有些时候，贴图的位置不对，需要对贴图进行调整，以适合正确的位置。

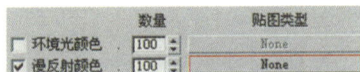

图7.2.3.1　选择None图标

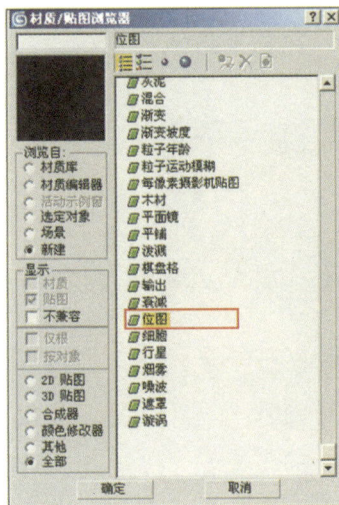

图7.2.3.2　选择位图

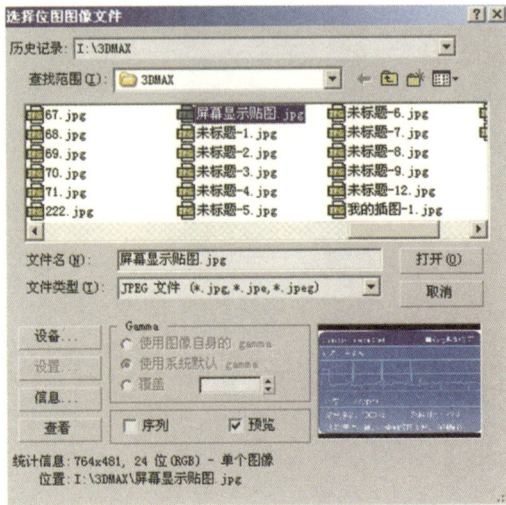

图7.2.3.3　导出图形

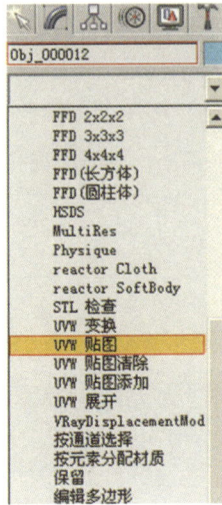

图7.2.3.4　进行贴图

我们给屏幕添加一个贴图坐标，方法是在选中屏幕模型的状态下，选Modify(修改)![icon]命令。再选 **UVW 贴图** ，在修改面板上的修改器列表 **修改器列表** ![icon] 的下拉菜单中，点击一下UVW Map，视窗里的屏幕模型四周会出现一个橘黄色的方框，如图7.2.3.5所示。渲染测试下图片是否放妥，如果图片上的内容和按钮的位置不符，可以点击UVW Mapping下的Gizmo(范围框) **UVW 贴图 Gizmo** 。此时视口中的橘黄色的方框变成亮黄色，我们可以通过移动或比例缩放来调整图片的位置，使之与模型相符，如图7.2.3.6所示。效果如图7.2.3.7所示。

图7.2.3.5 橘黄色方框

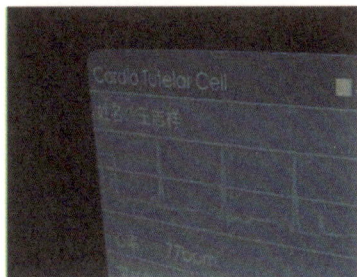

图7.2.3.6 调整

7.2.4 设置摄影机

贴好图后，还要设置一个(或多个) 摄影机。照相机在顶视图创建，选Create(创建)，再选Camera(摄影机)，最后选Target(目标摄影机)。在顶视图创建如图7.2.4.1的摄影机。用右键点击透视视图，按C，即显示摄影机视图，效果如图7.2.4.2。设置好以后，若要对其进行修改，还可以进入修改器![icon]，对相关参数进行修改，以达到需要的摄影机视角。

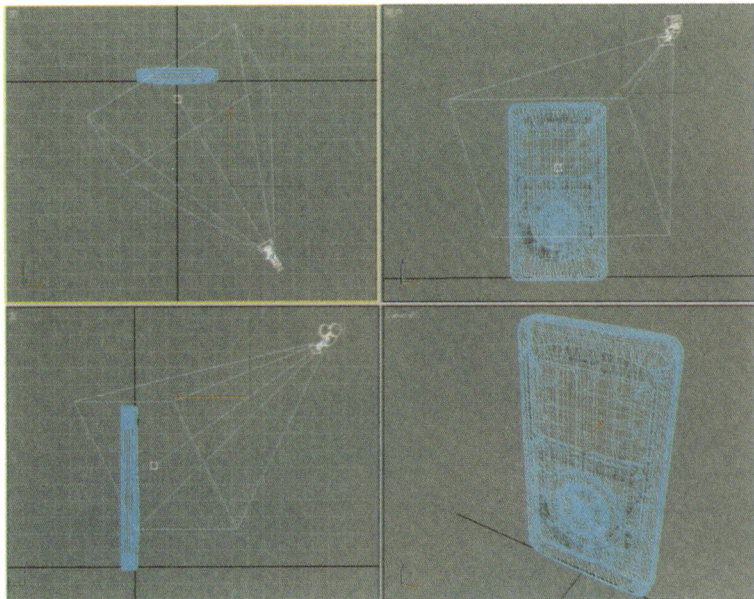

图7.2.3.7 效果图

图7.2.4.1 创建摄像机

图7.2.4.2 显示摄像机视图

7.2.5 设置灯光

本渲染图中设了一个Target Sport(目标射灯)，如图7.2.5.1所示。设的时候先选创建(Create)，再选灯光 (Lights)。选目标射灯(Target Sport)，如图 (Top视图)、图 (Left视图)和图 (Front视图)的位置设置的目标射灯，然后根据需要再加两个泛光灯。灯的基本参数如下：目标射灯(Target Sport),如图7.2.5.2所示；泛光灯(Omni)，如图7.2.5.3所示。

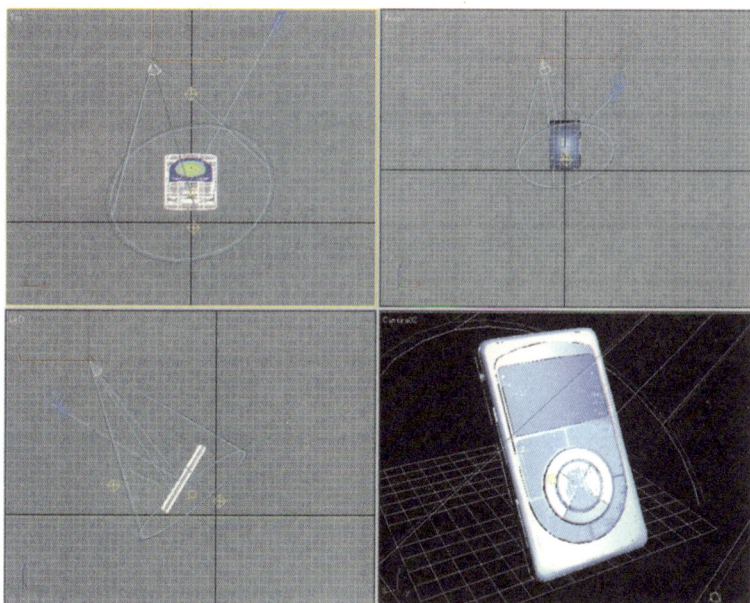

图7.2.5.1　设置目标射灯

图7.2.5.2　目标射灯参数

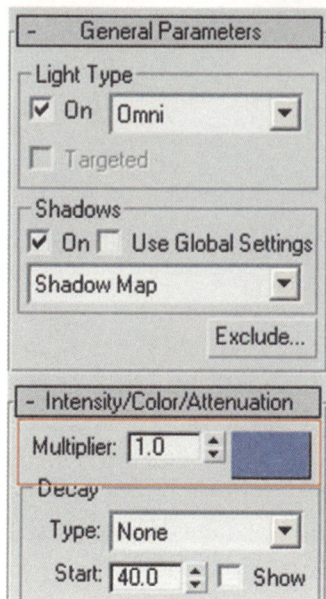

图7.2.5.3　泛光灯参数

7.2.6　设置反光板

给物体赋予了材质，但是当周围没有任何东西的时候，材质效果会表现不出来，例如有些材质有反射、折射效果的，这就需要创建反光板。有了反光板，渲染时物体上就会出现对周围光亮物体的反射效果，可以增强渲染的真实感。在物体的上空创建了一个圆环物体作为反光板，如图7.2.6.1所示，并且将其赋予材质，具体参数如图7.2.6.2所示。给它设置自发光，颜色调成灰色，在Diffuse（漫反射）里把颜色改为白色数值为R:255，G:255，B:255。效果如图7.2.6.3所示。

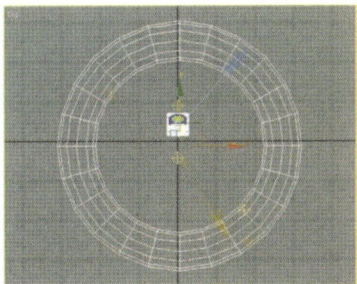

图7.2.6.1　创建一个环物体作为反光板

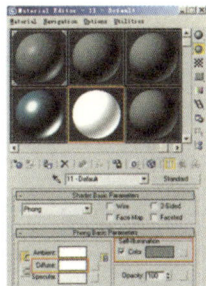

图7.2.6.2　颜色调成灰色

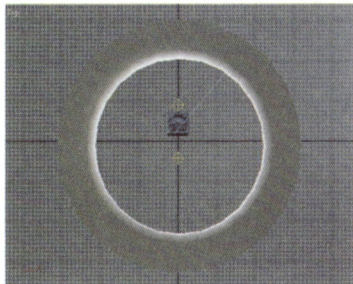

图7.2.6.3　赋予材质，效果图

7.2.7　渲染

渲染是将颜色、阴影、照明效果等加入到几何体中，从而可以使用所设置的灯光、所应用的材质及环境设置(如背景和大气)为场景的几何体着色。使用"渲染场景"对话框创建渲染并将其保存到文件。

3ds max附带三种渲染器。其他渲染器可能作为第三方插件组件提供。3ds max附带的渲染器有默认扫描线渲染器、mental ray渲染器和VUE文件渲染器。

和mental ray渲染器相比，默认扫描线渲染器渲染质量没有mental ray好。虽然在这个模型和光线的条件下，两者渲染出的图片的质量差别不大，但仔细观察会发现，mental ray的细节更多，材质的表现更真实。渲染插件还有final Render /Vray 和Brazil等，它们都是比较出众的渲染器插件，渲染效果都比默认扫描线渲染器好。在学习中，我们可以选择一种深入研究，以达到灵活自如的运用效果。当然，渲染是一个庞大而复杂的系统，需要我们在实践中不断总结、提升。

切换默认渲染器和mental ray渲染器的方法是点击渲染场景(Render Scene)，在弹出的选项中打开Assign Render(指定渲染器)对话框，再点击旁边的图标 ...，在弹出的选项栏中选mental ray render，点OK结束。这样就选中mental ray渲染器了。要改成其他渲染器插件的话，也在这里修改，如图7.2.7.1所示。点击渲染按钮 ，我们就可以对其进行渲染。调节渲染图尺寸大小，如图7.2.7.2所示。渲染后的效果如图7.2.7.3所示。

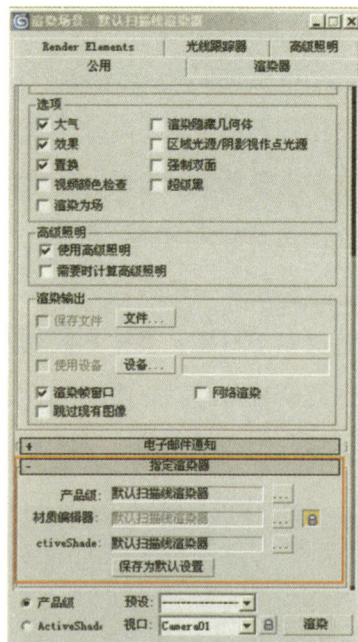

图7.2.7.1 更改其他渲染器

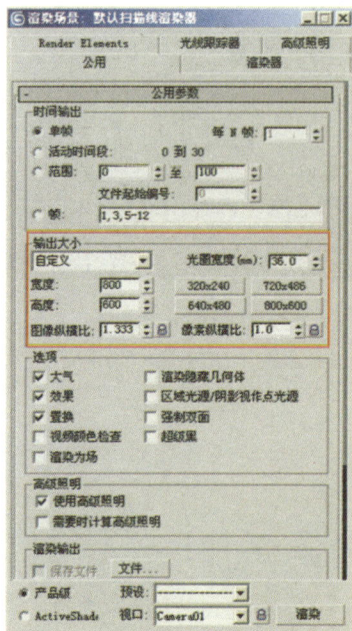

图7.2.7.2 调节尺寸大小

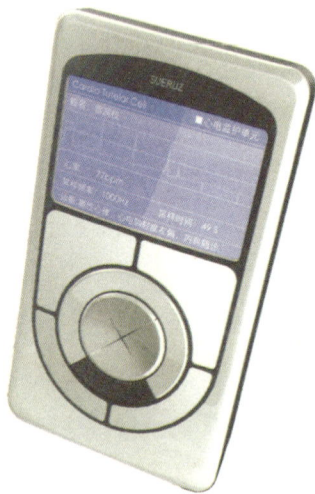

图7.2.7.3 渲染后的效果

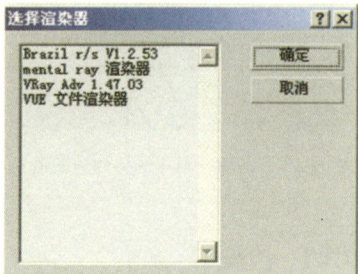

7.3 渲染图Photoshop后期处理

在渲染好图片后，往往有些地方不满意，或者没有到位，这就需要在Photoshop里后期处理，对其进行相应的调整。图7.3.1是把按键部分的字添加上去。因为在渲染的时候，在按键部分做贴图比较麻烦，所以选择在Photoshop里添加。在Photoshop里添加文字或者Logo的时候需要注意，字要和物体的透视一致。先用文字工具 T 添加所需要的字，然后选择当前图层按右键，选择删格化图层，然后再按自由变换工具（Ctrl+T），按右键选择相应的命令进行变行。最后效果如图7.3.2。

用Photoshop后期处理的内容很多，范围也很广，在第五章Photoshop相关章节已经详细介绍，相关的工具和技法都可以运用到产品效果图后期处理上来。

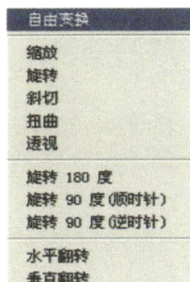

图7.3.1 利用自由变换工具添加文字

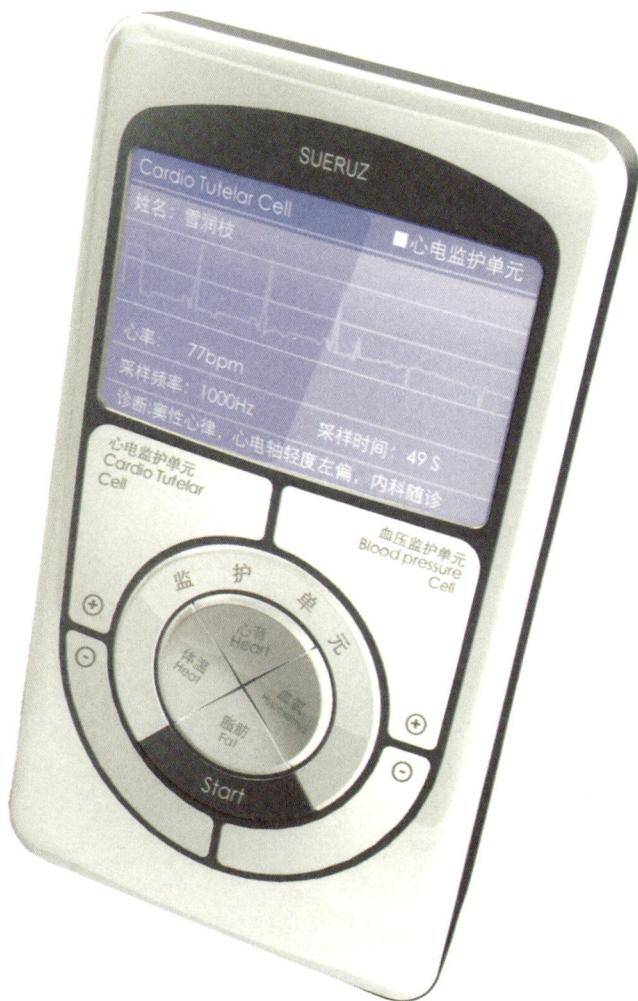

图7.3.2 最后效果图

4 | 附 录

项目：悬挂式城讯通　　图示：细節說明圖

CITINET
City in your hand.

黑色金属材质 Black metals material

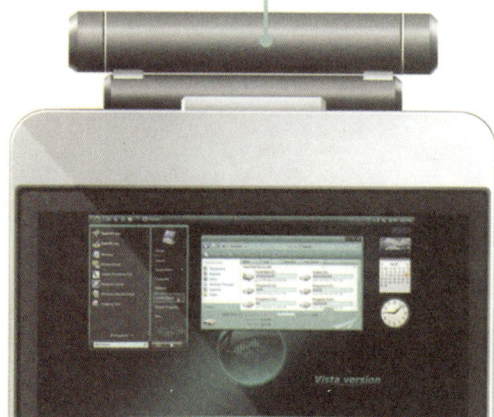

Project:CITINET-Suspension   Chart: Details Illustration

触摸式屏幕 Touch type screen

案例名称：悬挂式城讯通设计
概念设计：冯博、陈聪、张浩、周家琦
渲染：冯博
软件：photoshop

拉丝金属 Pull the silk metals

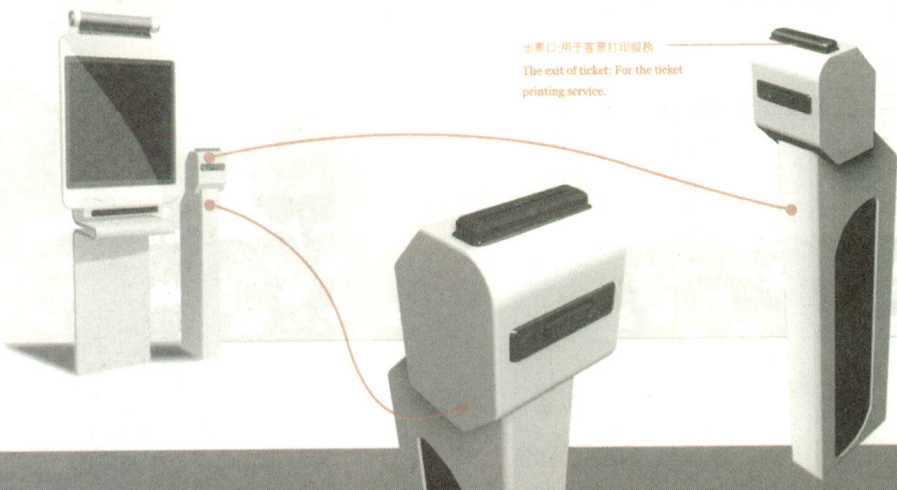

CITINET-Suspension has a large extra thin screen. It can save lots of space. It has a touch screen and a ticket printing meachine, which connectd by bluetooth technology. The ticket printing meachine is especially designed for people who need to book tickts. If you want to book a ticket, you just need to choose the service of ticket booking and finish the payment. And then click print, the ticket would printed out from the exit.

出票口:用于客票打印服务
The exit of ticket: For the ticket printing service.

設計說明:

懸挂式城訊通,擁有超薄顯示屏,大大節省了產品佔用的空間。產品分爲輔機操作屏和打票機兩部分。兩者由藍牙技術連接控制。打票機專門爲用户定票所設計。只要在操作界面點擊進入"打票服務",確定您所需要的服務和班次,進行在線支付總選擇票據打印,票就會在出票口自動打印生成。

案例名稱: 悬挂式城讯通设计
概念设计: 冯博、陈聪、张浩、周家琦
建模渲染: 冯博
软件: 建模Rhino 渲染3ds max

项目：自助導零系統

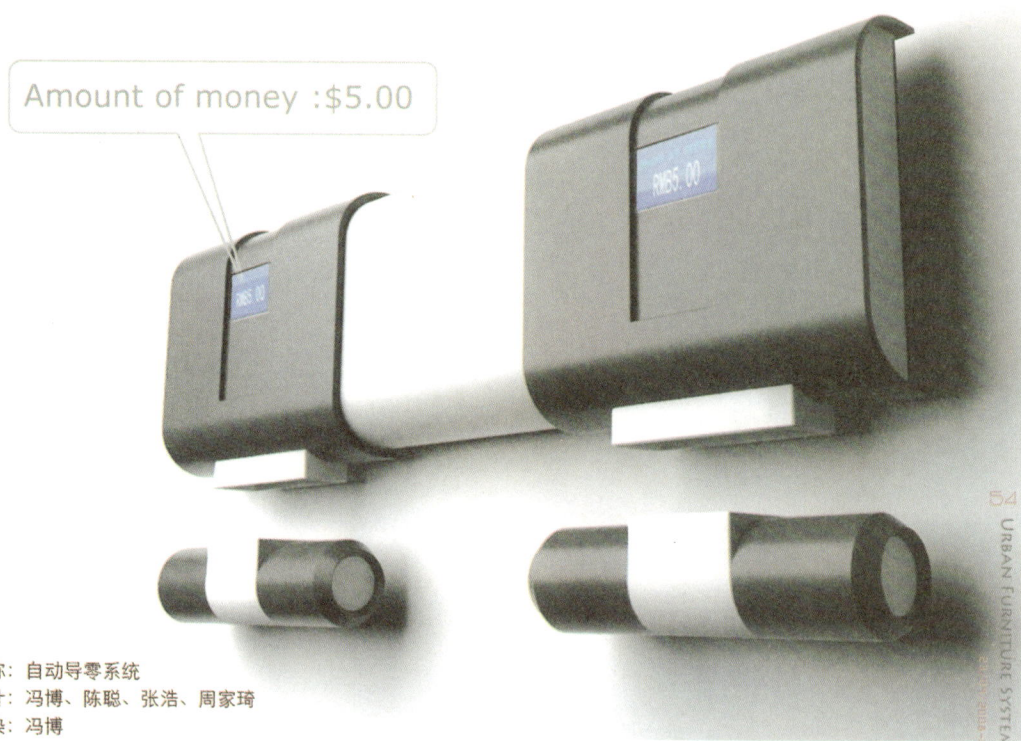

Amount of money :$5.00

案例名称：自动导零系统
概念设计：冯博、陈聪、张浩、周家琦
建模渲染：冯博
软件：建模Rhino 渲染3ds max

项目：自助導零系統   圖示：設計細節說明圖

Self-coin changing machine

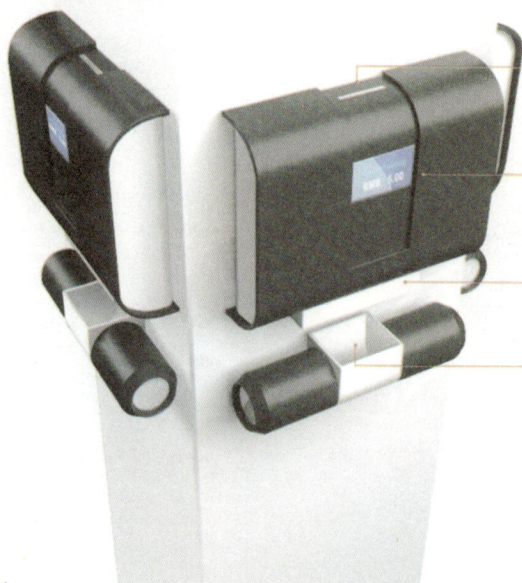

紙幣投入口
The entrance of paper money

金額顯示屏（用于顯示使用者所投入的紙幣金額）
The screen for the amount of money

出幣口（導零成功后，硬幣由該出幣口導出）
The exit for the coin

儲幣槽（導零成功后，硬幣會落入該槽中）
The coins keeper

CITINET
City in your hand

筆尖觸屏設計>>
Screen touch design
界面設計為螢示觸屏式，這樣做
使用者有更大的樂趣與視覺空間。
游者大用鍵盤打平面的情值
screen touch design may give people a
arge vision.

這裏其充電的必要端口，另外端口能與半機或PC等
高端設備連接，進行數據的傳遞或其自身軟件的更新。
The left hand side is the USB hole for charging, Of course
the USB hole can get in touch with the PC or your cellphone
to send the data.

USB數據接收口>>
USB2.0

<< 移動城訊通
CITINET-Mobile

<人性化繩孔設計>
Hanging hole

硅膠滾軸設計>>
Silica gel roller

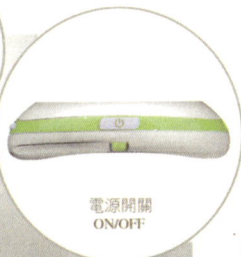

方便人們上班時的隨身携帶，挂于身機
上或手提包上都非常適合。
It is suitable for it to hang with your bug or
some part of your body.

電源開關
ON/OFF

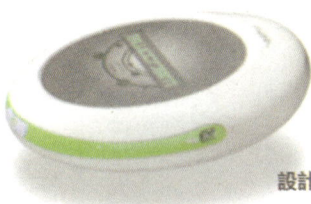

案例名稱：移动式城讯通设计
概念设计：周家琦、陈聪、张浩、冯博
建模渲染：周家琦
软件：建模Rhino 渲染3ds max

設計說明：
    作為移動式的城訊通，當然有著它別于其它固定式城訊通的地方。可移動就是其一大特征。不定點租借與隨身携帶更是其
賣點。我們設想在人流密集的地方為這種移動城訊通設立一些固定的相借點，租借的方式是通信通道，即不需要按照原點站
行歸還。這樣非常便于出游的人們。移動城訊通同樣有著城訊通本身固有的特性。各辦地圖定位等功能一應俱全。但是由于
其體積的限制，如果你有訂票或訂房的需要請撥打其服務熱綫或到其固定服務點遵項相關操作。

Design Illustration

As Mobile CITINET, it must be quite different
from the CITINET. Mobile is the characteristic
with it. Can be hired and brought by yourself is the
heated place. We imaged that there are some
points can be set in the city center which offer the
serive for people to hire the mobile citinet. People
can hire the mobile citinet in one place and give it
back in another place. It is rather convenient for
the traveller. Of course the main function of the
mobile CITINET is the same as the normal
CITINET. But if you want to book tickets or check
your room , I m sorry to tell you that you have to
call the hotline or do the operate with the normal
one.

分析图 [Analytical diagram]

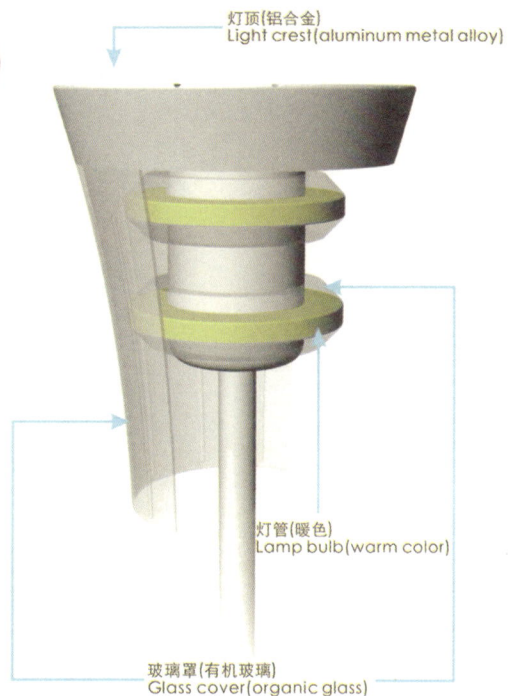

灯顶(铝合金)
Light crest(aluminum metal alloy)

灯管(暖色)
Lamp bulb(warm color)

玻璃罩(有机玻璃)
Glass cover(organic glass)

Street lamp 路灯

[Rhinoceros]model [犀牛]模型

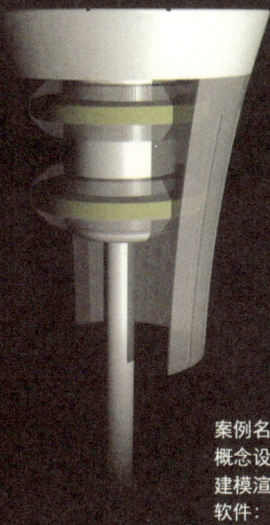

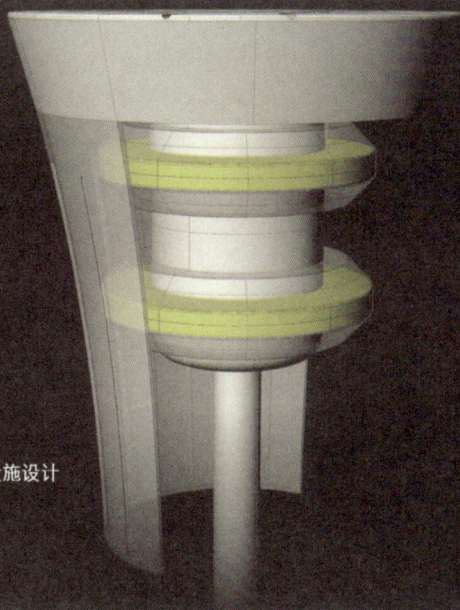

案例名称：亲亲家园公共设施设计
概念设计：孙泽
建模渲染：孙泽
软件：Rhino

a sketch

Trash major breakthrough in the design is simple
and generous forms, together with Behind the Color

案例名称：凤凰创意谷公共设施设计
概念设计：朱雅青、何露、毛晓玉
绘图：朱雅青
软件：手绘+Photoshop

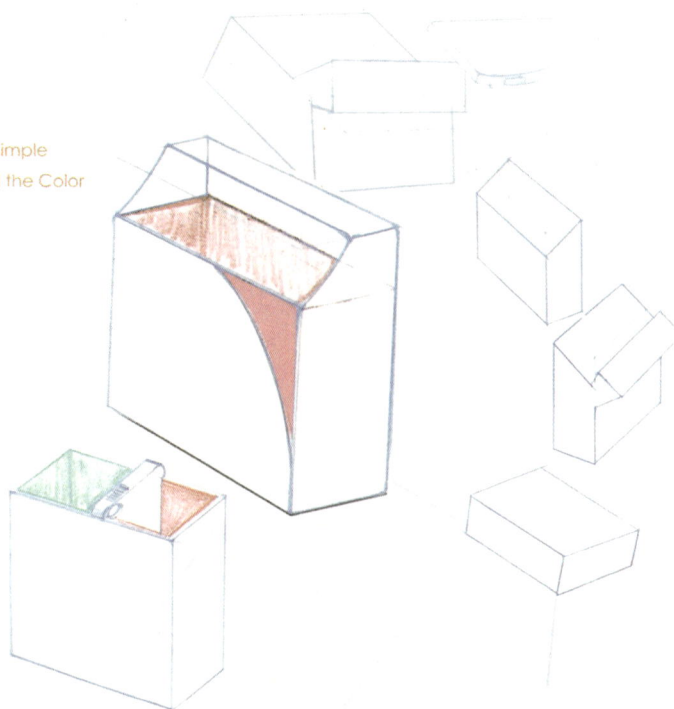

a sketch

The failure of a number of programs

029 pc 10/2008

a sketch

Different colors into a different effect,
to absorb sunlight during the day and
night issued a weak soft light.

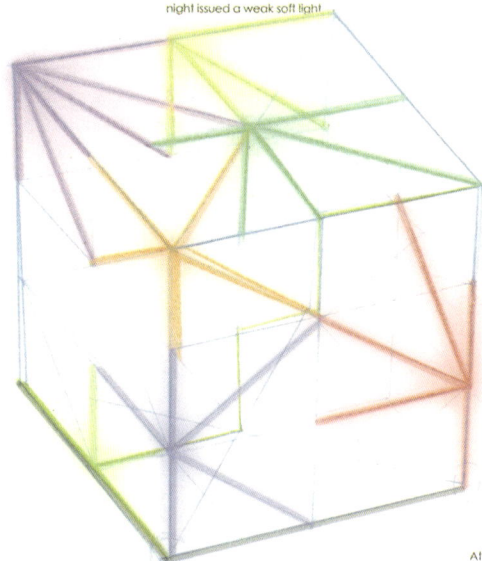

案例名称：凤凰创意谷公共设施设计
概念设计：朱雅青、何露、毛晓玉
绘图：朱雅青
软件：手绘+Photoshop

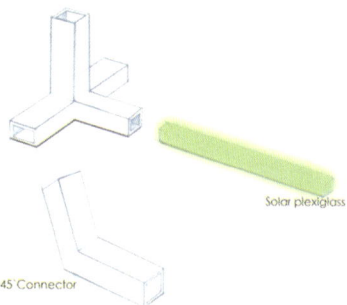

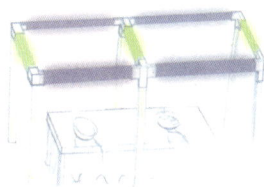

Solar plexiglass

45° Connector

At the bottom
of the connector

a sketch

Both sides of vending machines
can be combined initial program

a sketch

Drink

Frosted glass

Button

案例名称： 凤凰创意谷公共设施设计
概念设计： 朱雅青、何露、毛晓玉
绘图： 朱雅青
软件： 手绘+Photoshop

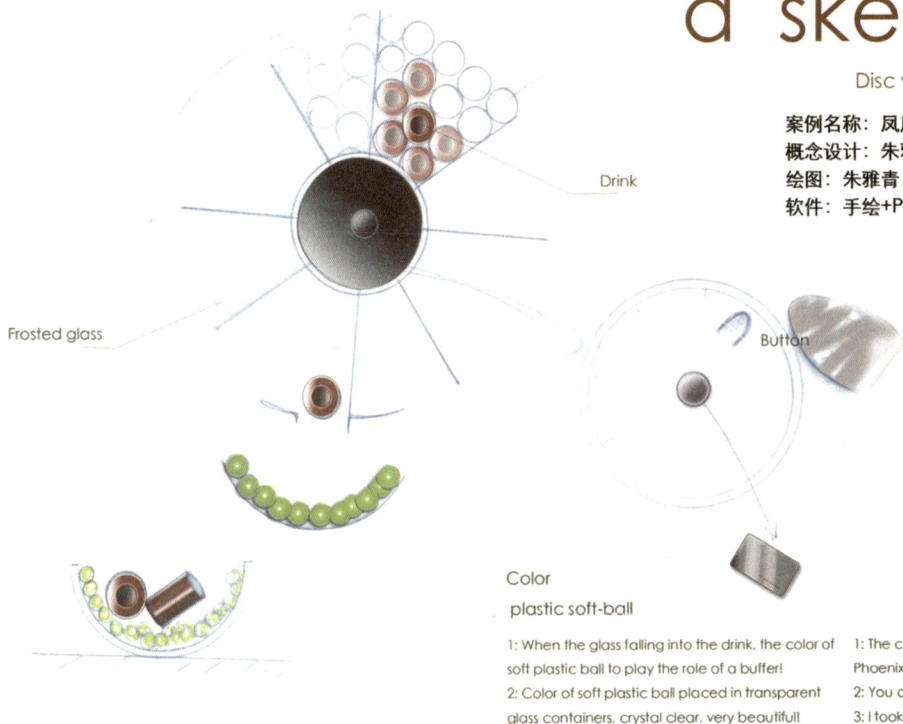

Color
plastic soft-ball

1: When the glass falling into the drink, the color of soft plastic ball to play the role of a buffer!

2: Color of soft plastic ball placed in transparent glass containers, crystal clear, very beautiful!

1: The card will be placed in the Phoenix area sensor

2: You choose to drink

3: I took out in the extract drink

a sketch

Disc one of the vending machine vision process

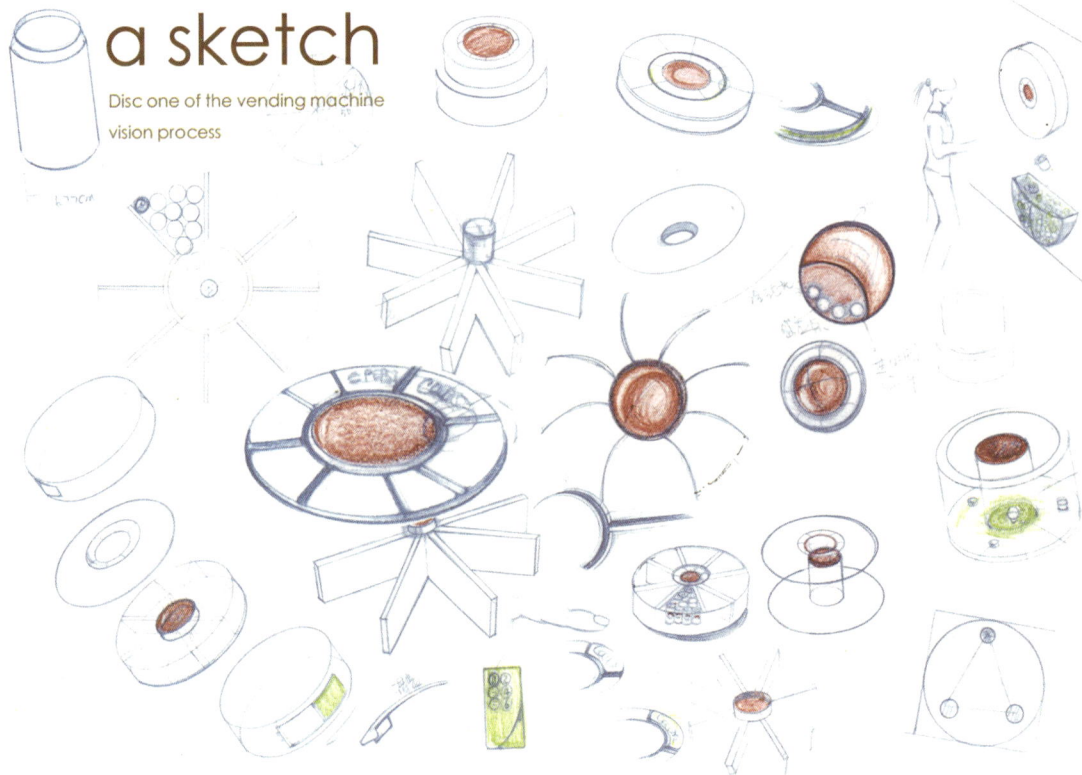

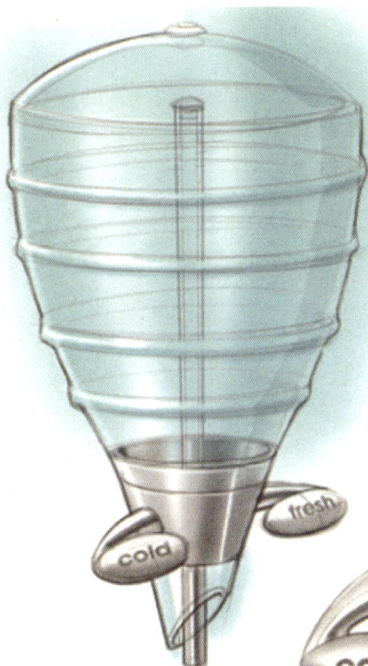

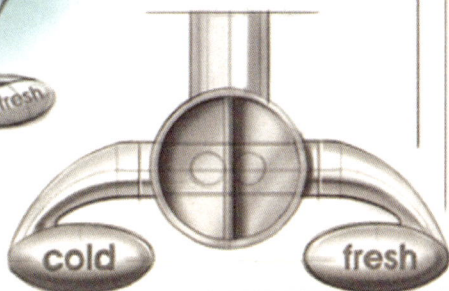

案例名称：AQA饮水机
设计：VANBERLO Design
软件：Alias/Painter

XTRA LONG
SHOULDER
PAD SO EGO
CAN BE WORN
WITH SHORT
STRAP

DUVET

MATCH EGO
COLOR &
PATTERN

VANBERLO

设计：VANBERLO Design
软件：Alias/Painter

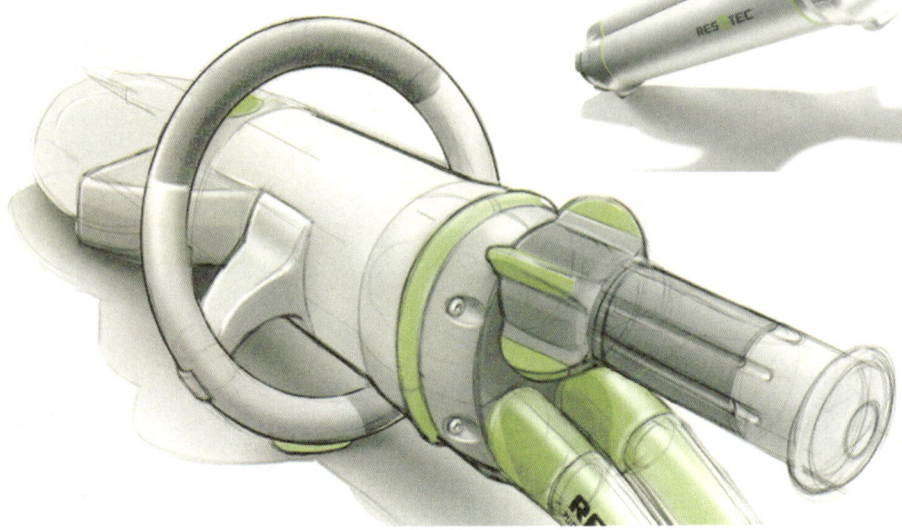

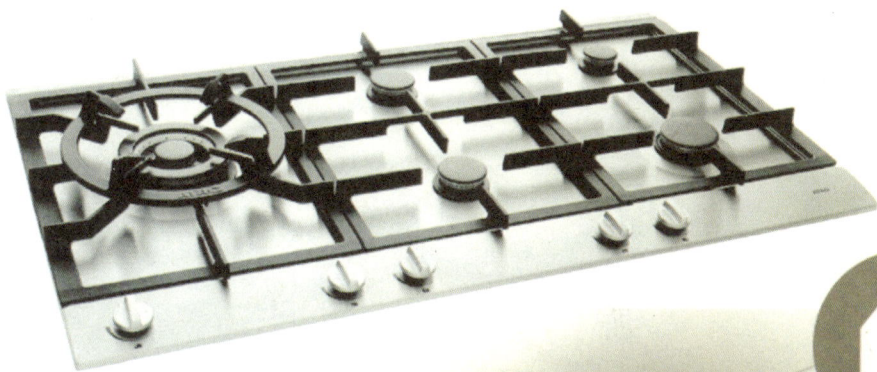

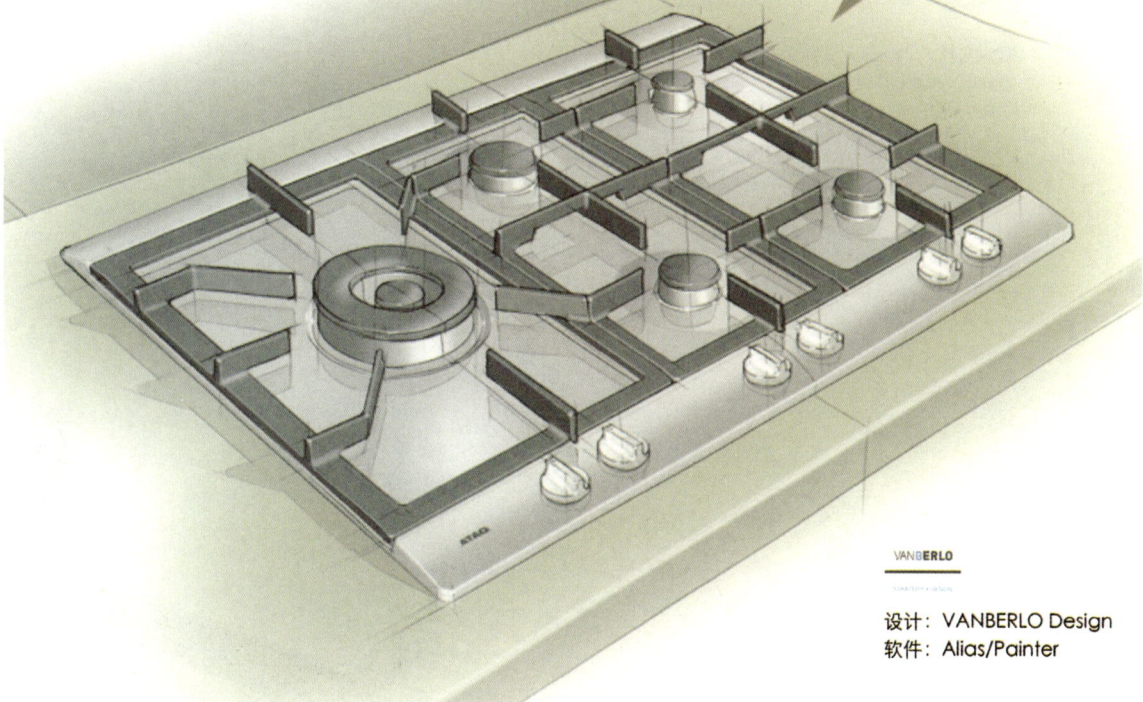

VANBERLO

设计：VANBERLO Design
软件：Alias/Painter

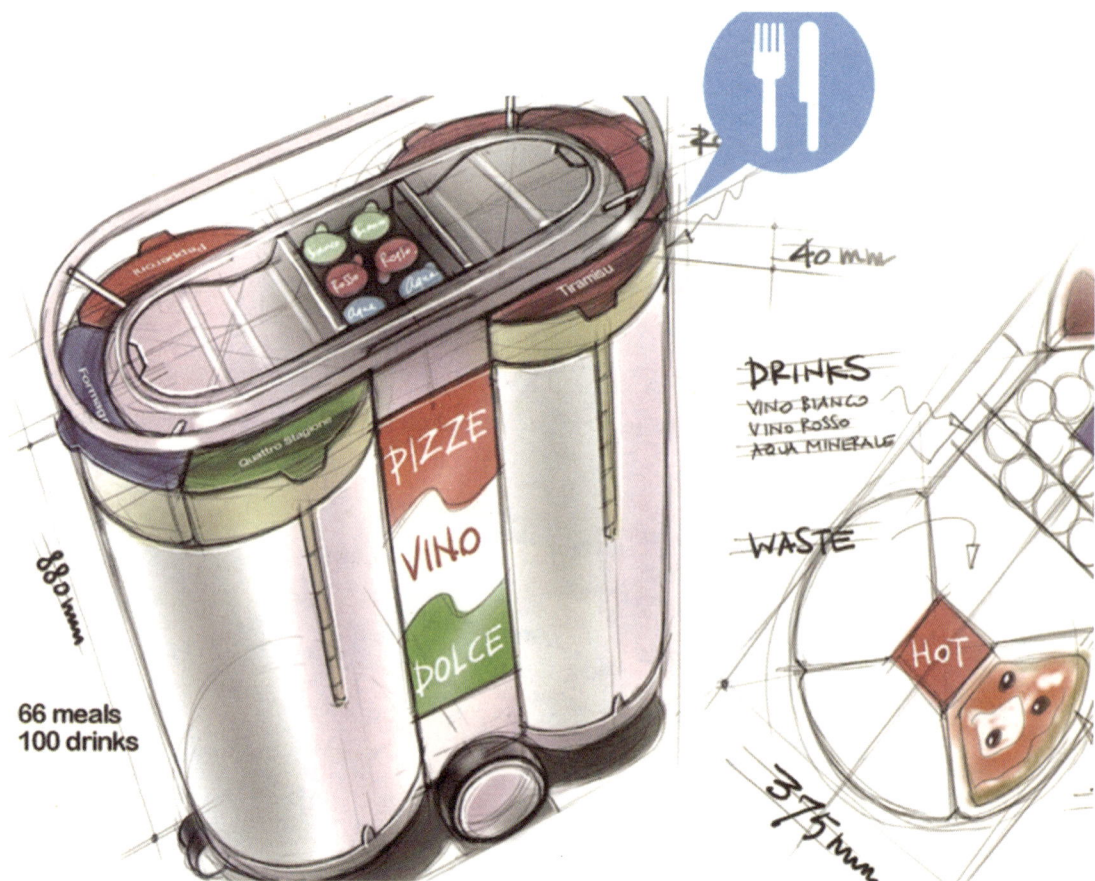

PIZZE
VINO
DOLCE

880 mm

66 meals
100 drinks

40 mm

DRINKS
VINO BIANCO
VINO ROSSO
AQUA MINERALE

WASTE

HOT

375 mm

VANBERLO

STRATEGY + DESIGN

案例名称：CATERING TROLLEY
设计：VANBERLO Design
软件：Alias/Painter

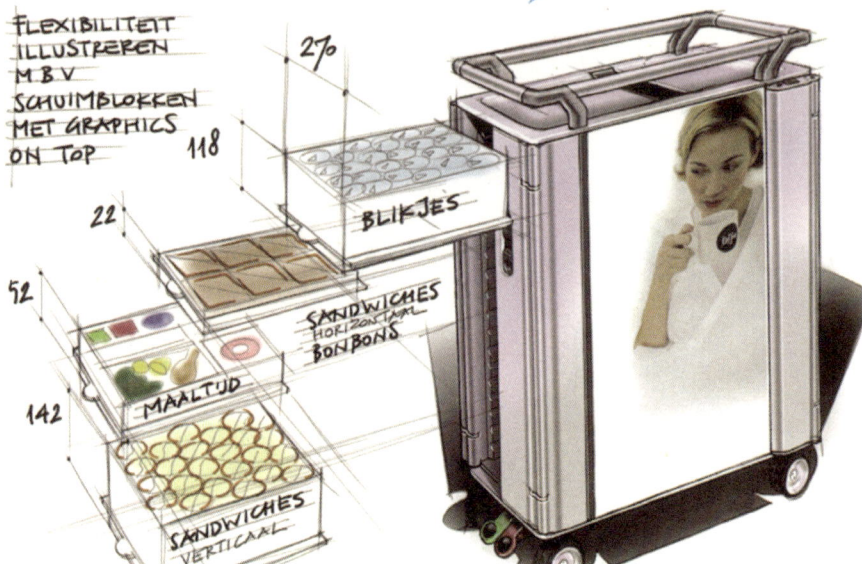

FLEXIBILITEIT
ILLUSTREREN
MBV
SCHUIMBLOKKEN
MET GRAPHICS
ON TOP

27°

118

22

52

142

BLIKJES

SANDWICHES
HORIZONTAAL

BONBONS

MAALTIJD

SANDWICHES
VERTICAAL

参考文献

[1] （美）彭达维斯. *Painter X Wow!Book*. 吴小华, 译. 北京: 中国青年出版社, 2007.

[2] LoosEissen, Roselien Steur. *Sketching: Drawing Techniques For Product Designers*. Bis Publishes. 2007.

[3] 鲁晓波, 关琰, 覃京燕. 计算机辅助工业设计. 北京: 高等教育出版社, 2007.

[4] 罗挽澜, 徐继峰, 贺运. Photoshop Illustrator CorelDRAW商业产品设计. 北京: 中国铁道工业出版社. 2005.

[5] (韩)姜素英, 河永民. Photoshop产品造型设计经典. 李江姬, 申铉京, 译. 北京: 人民邮电出版社, 2004.

[6] 丁峰. Top 3d造型技术: Rhino 3 高级应用技法详解. 北京: 兵器工业出版社, 2006.

[7] 神龙工作室. 新编Photoshop CS2中文版入门与提高. 北京: 人民邮电出版社, 2007.

[8] 崔燕晶. Illustrator CS标准教程. 北京: 中国青年出版社, 2004.

[9] 倪培铭, 郭盈. 计算机辅助工业设计. 北京: 中国建筑工业出版社, 2005.

[10] 杨为一, 等. 数位绘画大师——数位板标准教程. 北京: 清华大学出版社, 2008.

[11] 汪军, 储建新, 高思, 等. 3ds max 7渲染的艺术. 北京: 兵器工业出版社, 2005.

[12] 潘鲁生, 林宇峰, 杨奇军. Painter 8.0辅助设计基础于进阶教程. 济南: 山东美术出版社, 2005.

[13] 彭超, 3ds max 8全程自学手册. 北京: 电子工业出版社, 2007.

后记

计算机辅助工业设计表现是通过计算机辅助设计把产品设计构想加以可视化的技术手段。本书着重以设计实例的方式来讲解计算机辅助工业设计表现的基本知识和相关技法，希望帮助读者快速掌握计算机辅助工业设计的表现方法。

本书分为设计方案构思表达的训练、设计方案二维设计表现的训练以及设计方案三维设计表现的训练三部分。在书中给出了详细的操作步骤，以帮助读者解决实际问题。对于计算机辅助工业设计表现中涉及的各个软件，也进行了基本的介绍，并且对软件之间的相互配合使用做出了说明。

在此，我谨向提供本书部分图片的中国美术学院艺术设计职业技术学院工业设计系表示感谢！向创造机会的葛鸿雁老师和编辑梁存收先生表示感谢！希望本书能为读者带来帮助，同时也衷心期待能得到专家同行们的批评指正。

编者

2008年11月

郑 重 声 明

　　高等教育出版社依法对本书享有专有出版权。任何未经许可的复制、销售行为均违反《中华人民共和国著作权法》，其行为人将承担相应的民事责任和行政责任，构成犯罪的，将被依法追究刑事责任。为了维护市场秩序，保护读者的合法权益，避免读者误用盗版书造成不良后果，我社将配合行政执法部门和司法机关对违法犯罪的单位和个人给予严厉打击。社会各界人士如发现上述侵权行为，希望及时举报，本社将奖励举报有功人员。

反盗版举报电话：(010)58581897 / 58581896/58581879

反盗版举报传真：(010)82086060

E-mail：dd@hep.com.cn

通信地址：北京市西城区德外大街 4 号

　　　　　　高等教育出版社打击盗版办公室

邮　　编：100120

购书请拨打电话：(010)58581118